Oldenbourg Lehrbücher für Ingenieure

Herausgegeben von
Prof. Dr.-Ing. Helmut Geupel

Das Gesamtwerk
Assmann / Selke, Technische Mechanik
umfasst folgende Bände:

Band 1: Statik
Band 2: Festigkeitslehre
Band 3: Kinematik und Kinetik
Aufgaben zur Festigkeitslehre
Aufgaben zur Kinematik und Kinetik

Aufgaben zur Festigkeitslehre

von
Prof. Bruno Assmann und
Prof. Dr.-Ing. Peter Selke

13., überarbeitete Auflage

Oldenbourg Verlag München

Prof. Bruno Assmann lehrte über 30 Jahre lang an der Fachhochschule Frankfurt am Main. Sein Wissen und seine Erfahrungen aus der Lehre hat er in die drei Bände zur "Technischen Mechanik" und die dazugehörigen Aufgabensammlungen einfließen lassen.

Prof. Dr.-Ing. Peter Selke lehrt seit 1992 Technische Mechanik, Maschinendynamik und Finite-Elemente-Methode an der Technischen Fachhochschule Wildau.

Bibliografische Information der Deutschen Nationalbibliothek

Die Deutsche Nationalbibliothek verzeichnet diese Publikation in der Deutschen Nationalbibliografie; detaillierte bibliografische Daten sind im Internet über <http://dnb.d-nb.de> abrufbar.

© 2009 Oldenbourg Wissenschaftsverlag GmbH
Rosenheimer Straße 145, D-81671 München
Telefon: (089) 45051-0
oldenbourg.de

Lektorat: Anton Schmid
Herstellung: Anna Grosser
Coverentwurf: Kochan & Partner, München
Gedruckt auf säure- und chlorfreiem Papier
Gesamtherstellung: Grafik + Druck, München

ISBN 978-3-486-59132-3

Vorwort

Diese Aufgabensammlung ist eine Ergänzung des Lehrbuchs Technische Mechanik, Band 2, Festigkeitslehre. Dort sind in einer Vielzahl von Beispielen Lösungswege vorgeführt, Fragen gestellt und beantwortet und Schlussfolgerungen aus den Ergebnissen gezogen. Trotzdem ist eine zusätzliche Aufgabensammlung notwendig.

Der Lernprozess verlangt zwingend die Durcharbeitung des betreffenden Sachgebiets und damit verbunden das unabhängige Lösen von Aufgaben. Erst dabei stellen sich Fragen, die man meint, geklärt und verstanden zu haben. Somit ist es letzlich nur auf diesem Weg möglich zu kontrollieren, ob und wie weit die Zusammenhänge verstanden wurden.

Aus diesen Ausführungen folgt, dass es sich hier nicht um die „Buchbeispiele mit anderen Zahlen" handelt. Wir haben auch hier versucht, Erkenntnisse über physikalische Zusammenhänge zu vermitteln, vorhandene zu festigen und anschaulich zu machen. Der Leser bleibt aufgefordert, die Ergebnisse in diesem Sinne qualitativ zu kontrollieren. Als Beispiel sei der Zusammenhang von Biegemomentenverlauf und Krümmung der Biegelinie genannt.

Graphische Darstellungen machen physikalische Inhalte bildlich erkennbar. Die Deutung solcher Diagramme ist für eine ingenieurmäßige Arbeit unerlässlich. Der Mohrsche Spannungskreis z.B. veranschaulicht die unübersichtlichen Gleichungen und ermöglicht das Hineindenken in die Vorgänge im Werkstoff.

Die mit der 16. Auflage des Lehrbuchs Band 2, Festigkeitslehre, vorgenommene Aktualisierung der praktischen Festigkeitsberechnung findet in der Anwendung im Kapitel 10 hinsichtlich der Lösung der Übungsaufgaben und der Tabellen für die Sicherheitszahlen (Tabelle 5) und die Formzahlen gekerbter Bauteile (Tabellen 17 und 18) am Ende der Aufgabensammlung seine logische Fortsetzung. Die Aufgaben hierzu wurden vom Co-Autor entsprechend neu gerechnet.

Dem Verlag, insbesondere dem Lektor Herrn Anton Schmid, danken wir für die gute Betreuung und Zusammenarbeit.

Frankfurt am Main	Bruno Assmann
Berlin	Peter Selke

Verwendete Bezeichnungen

A	Fläche; Bruchdehnung
a, b	Konstanten (Mittelspannung)
a, b, h, l, s	Längen allgemein
C	Integrationskonstante
D, d	Durchmesser
E	Elastizitätsmodul
F	Kraft
f	Spannungsfaktor
G	Gleitmodul
I	Flächenmoment 2. Ordnung
i	Trägheitsradius
K	Faktor; Beiwert
M	Moment
M	Mittelspannungsempfindlichkeit
m	Masse; Maßstabsbeiwert
N, n	Anzahl
n	Stützzahl
P	Leistung
p	Flächenpressung
q	Streckenlast; Zähigkeitskoeffizient
R, r	Radius
R	Zugfestigkeitskennwert
R	Rauheit
S	Schadenssumme
S	Seil- bzw. Stabkraft
S	Sicherheitszahl
T	Sicherheitskennzahl; statisches Moment
u	bezogene Formänderungsarbeit
V	Volumen
W	Widerstandsmoment; Formänderungsarbeit
w	Durchbiegung
x, y, z	Koordinaten
α	Winkel; Formzahl; lineare Ausdehnungszahl
β	Kerbwirkungszahl
γ	Winkeländerung; Volumendehnungszahl
ϵ	Dehnung; Kürzung
φ	Winkeländerung Biegelinie; Verdrehwinkel
η, ξ	Koordinaten
λ	Schlankheitsgrad
μ	Querkontraktionszahl (Poissonsche Zahl)
ϱ	Krümmungsradius; Dichte
σ	Normalspannung
τ	Schubspannung (Tangentialspannung)
χ	bezogenes Spannungsgefälle
ω	Winkelgeschwindigkeit

Indizes

A, B, C, D	bezogen auf die so bezeichneten Punkte
A	Ausschlag; Anisotropie
a	Abscheren; Ausschlag
B	Bruch
b	Biegung
D	Dauer
d	Druck; Größenabhängigkeit
el	elastisch
erf	erforderlich
F	Formänderung
G	Gewicht
Grenz	Grenz(wert)
g	Gestalt; Größeneinfluss
gef	gefordert
K	Knick; Kerb(e); gekerbt
L	Lochleibung
M, m	mittlere; Mittel...
max	maximal
min	minimal
N	Normwert
n	normal; Nenn...
O	Oberfäche; Rauheit
o	Oberspannung; Ausgangszustand
p	polar
pl	plastisch
q	quer/Querkraft
r	radial
res	resultierend
S	Schwerpunkt
s	Schub
Sch	Schwell...
T	Temperatur
t	Torsion; tangential; Zeit
u	Umfang; Unterspannung
V	Verfestigung; Oberflächenverfestigung
v	Vergleich; Volumen
W	Wechsel
z	Zug
zd	Zugdruck
zul	zulässig
x, y, z	Richtungssinn nach vorgegebenem Koordinatensystem
α, ξ, η	
σ	Normalspannung
τ	Tangentialspannung (Schubspannung)

Inhaltsverzeichnis

(Zahlen in Klammern bezeichnen Abschnitte im Lehrbuch)

Tabellenanhang

Hinweis

Falls nichts Gegenteiliges in den Aufgaben formuliert ist, gilt:

1. Die Eigengewichte von Trägern, Wellen, Stützen, Seilen usw. werden nicht berücksichtigt.
2. Lager und Gelenke sind reibungsfrei.

1 Einführung

Hinweise zur Lösung von Aufgaben

Der angehende Ingenieur sollte sich möglichst früh das exakte und systematische Arbeiten beim Lösen einer technischen Aufgabe aneignen. Dadurch werden Fehler vermieden und Kontrollen sind viel leichter, auch von anderen Personen, durchführbar. Nachfolgend sollen dafür einige Hinweise gegeben werden, die, sinngemäß angewendet, für alle technischen Aufgaben gelten.

Eine gute Skizze des betrachteten Bauteils (Träger, Welle u.a.) erleichtert den Einstieg in die Aufgabe. Richtige Proportionen helfen, Trugschlüsse zu vermeiden. Am Bauteil wirkende Kräfte werden eingetragen und bezeichnet. Dieser Prozess wird „Freimachen" genannt. Er ist in einem eigenen Kapitel 5 im Band 1 (Statik) ausführlich dargestellt. Zur Bestimmung der Schnittreaktionen sollte vor allem der im Stoff Ungeübte für jeden freigemachten Teilabschnitt eine neue Skizze anfertigen.

Die verwendeten Gleichungen sollen in allgemeiner Form, am besten links außen, geschrieben werden, z.B.

$$\sum M_{\mathrm{x}} = 0 \qquad\qquad aF_1 - bF_2 = 0$$

$$\sigma = \frac{M_{\mathrm{b}}}{W} \qquad\qquad \sigma = \frac{12 \cdot 10^4\,\mathrm{Ncm}}{12{,}0\,\mathrm{cm}^3} = 10^4\,\frac{\mathrm{N}}{\mathrm{cm}^2} \cdot \frac{1\,\mathrm{cm}^2}{100\,\mathrm{mm}^2} = 100\,\frac{\mathrm{N}}{\mathrm{mm}^2}$$

Es sollte soweit wie möglich mit allgemeinen Größen gearbeitet werden, da die Rechnung damit leichter kontrollierbar ist. Bei der Ausarbeitung der Lösung soll kein Schritt übersprungen werden, eventuell sind einzelne Schritte durch kurze Bemerkungen zu erläutern. Bei Zahlenwertgleichungen ist dringend zu empfehlen, die Maßeinheiten mitzuschreiben.

Die reine Zahlenrechnung kann durch Anwendung der 10er-Potenzen übersichtlicher gehalten werden.

Einige in der Festigkeitslehre verwendete Größen sind in den Normen, Taschenbüchern usw. in verschiedenen Einheiten gegeben. Das hat Einfluss auf die Rechentechnik. Im Prinzip handelt es sich um einfache Umrechnungen, die erfahrungsgemäß jedoch Schwierigkeiten bereiten und oft zu Dezimalstellenfehlern führen. Aus diesem Grunde soll an dieser Stelle etwas dazu ausgeführt werden.

Beispiel

Die Zugspannung in einem dünnwandigen, rotierenden Ring wird aus folgender Gleichung berechnet:

$$\sigma_z = \rho \cdot r^2 \cdot \omega^2 \quad \text{mit} \quad \omega = 2\pi n$$

ρ Dichte des Werkstoffs r mittlerer Radius des Rings
ω Winkelgeschwindigkeit n Drehzahl

Diese Gleichung soll für folgende Daten ausgewertet werden.

$$\rho = 7{,}85 \, \text{g/cm}^3 \, (\text{Stahl}); \quad n = 100 \, \text{s}^{-1}; \quad r = 150 \, \text{mm}.$$

$$\sigma_z = 7{,}85 \, \frac{\text{g}}{\text{cm}^3} \cdot 150^2 \, \text{mm}^2 \cdot (2\pi)^2 \cdot 10^4 \, \text{s}^{-2}$$

Für das Ergebnis wird N/mm^2 angestrebt. Aus diesem Grunde müssen für die Einheit $\text{N} = \text{kgm/s}^2$ die Masseneinheit kg und die Längeneinheit m eingeführt werden. Folgendes Verfahren wird dafür empfohlen. Im Nenner steht z.B. cm^3, es soll durch m^3 ersetzt werden. Dazu wird mit dem Verhältnis cm^3/m^3 multipliziert. Aus $100 \, \text{cm}/1 \, \text{m}$ folgt $10^6 \, \text{cm}^3/1 \, \text{m}^3$. Sinngemäß wird mit den anderen Größen verfahren.

$$\sigma_z = 7{,}85 \, \frac{\text{g}}{\text{cm}^3} \cdot \frac{10^6 \, \text{cm}^3}{1 \, \text{m}^3} \cdot \frac{1 \, \text{kg}}{10^3 \, \text{g}} \cdot 150^2 \, \text{mm}^2 \cdot \frac{1 \, \text{m}^2}{10^6 \, \text{mm}^2} \cdot 4\pi^2 \cdot 10^4 \, \text{s}^{-2}$$

Die unerwünschten Einheiten g; cm; mm kürzen sich heraus. Das Meter (m) darf zunächst nicht gekürzt werden, da es zur Bildung der Einheit Newton (N) benötigt wird.

$$\sigma_z = 70 \cdot 10^6 \, \frac{\text{kg} \, \text{m}^2}{\text{s}^2 \, \text{m}^3} = 70 \cdot 10^6 \, \frac{\text{kg} \, \text{m}}{\text{s}^2} \cdot \frac{1}{\text{m}^2} = 70 \cdot 10^6 \, \text{N/m}^2$$

$$\sigma_z = 70 \cdot 10^6 \, \frac{\text{N}}{\text{m}^2} \cdot \frac{\text{m}^2}{10^6 \, \text{mm}^2} = 70 \, \text{N/mm}^2$$

Erst im letzten Schritt wird auf die geforderte Einheit N/mm^2 umgerechnet.

Ein Ergebnis muss immer kritisch und mit dem gesunden Menschenverstand daraufhin untersucht werden, ob es überhaupt technisch möglich ist. Zur Kontrolle sollten nach Möglichkeit die errechneten Werte in noch nicht benutzte Gleichungen eingesetzt werden. Auch ist manchmal eine Kontrolle durch eine andere Lösungsmethode möglich.

2 Grundlagen

3 Zug und Druck

Spannungen bei Zug und Druck (3.2)

3-1 Die Skizze zeigt eine Bruchsicherung. Sie besteht aus den Bauteilen ACD und BCE, die im Gelenk C verbunden sind. Der Rundstab DE soll bei einer Überlastung durch die Kraft F brechen und das System freigeben. Der Durchmesser d des Stabes ist allgemein und für die unten gegebenen Daten zu bestimmen.

$$a = 200\,\text{mm}; \quad b = 10\,\text{mm}; \quad c = 100\,\text{mm};$$
$$R_\text{m} = 370\,\text{N/mm}^2; \quad F = 100\,\text{kN}.$$

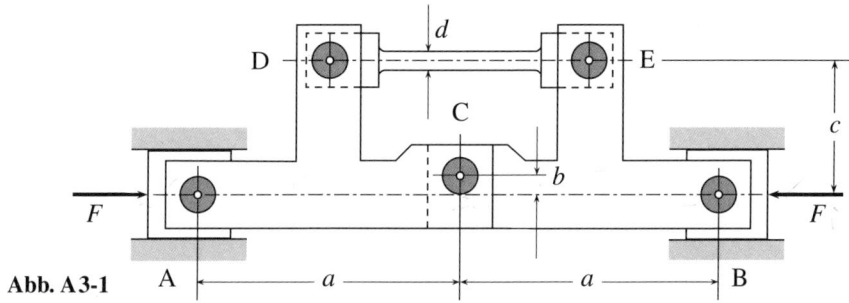

Abb. A3-1

3-2 Für einen lotrecht hängenden Stab ist in allgemeiner Form die Länge zu bestimmen, die infolge der Gewichtsbelastung zum Bruch führt. Diese Größe wird Reißlänge genannt. Sie soll für einen Stahl mit $R_\text{m} = 700\,\text{N/mm}^2$; $\rho = 7,85 \cdot 10^3\,\text{kg/m}^3$ und eine Aluminiumlegierung $R_\text{m} = 360\,\text{N/mm}^2$; $\rho = 2,8 \cdot 10^3\,\text{kg/m}^3$ berechnet werden. Die Ergebnisse sind zu diskutieren.

3-3 Die abgebildete Nietverbindung ist zentrisch mit $F = 30\,\text{kN}$ belastet. Für eine gleichmäßige Spannungsverteilung ist die maximale Zugspannung zu bestimmen.

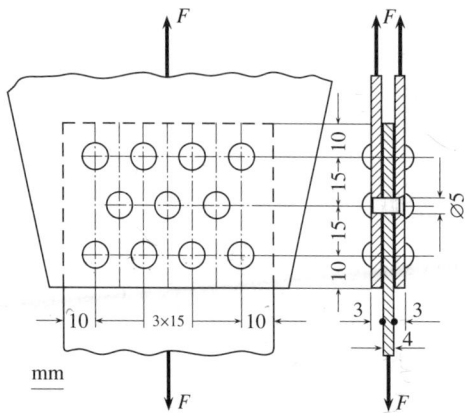

Abb. A 3-3/33
A 5-13

3-4 Skizziert ist eine an zwei Flachstäben 40×7 aufgehängte Rolle. Zu bestimmen ist die Spannung in den Stäben für $m = 4000\,\text{kg}$ und $\beta = 60°$.

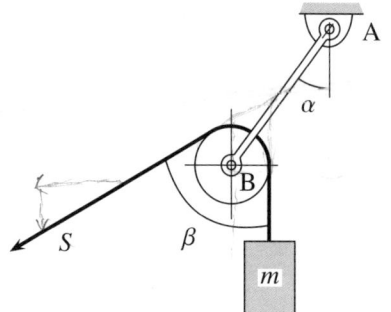

Abb. A 3-4

3-5 Ein gekröpfter Träger ist nach Skizze mit der Kraft F belastet und mit einem Rundstab bei B verankert. Dieser ist zu dimensionieren. Die allgemeine Lösung soll für $F = 120\,\text{kN}$ und $\sigma_{\text{zul}} = 140\,\text{N/mm}^2$ ausgewertet werden.

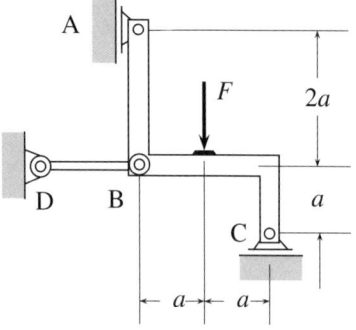

Abb. A 3-5

3-6 Der skizzierte Träger ist mit zwei aneinandergelegten U-Profilen in B abgehängt. Für folgende Daten sind diese zu dimensionieren.

$a = 6,0$ m; $l = 8,0$ m; $q = 100$ kN/m; $\beta = 30°$;
$\sigma_{zul} = 140$ N/mm^2.

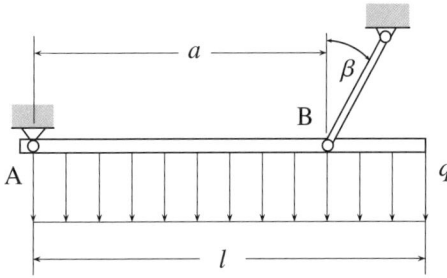

Abb. A3-6

3-7 Der skizzierte Hebebaum ist mit $m = 3000$ kg belastet. Der Zuganker AD besteht aus zwei U-Profilen, die für $\sigma_{zul} = 140$ N/mm^2 zu dimensionieren sind.

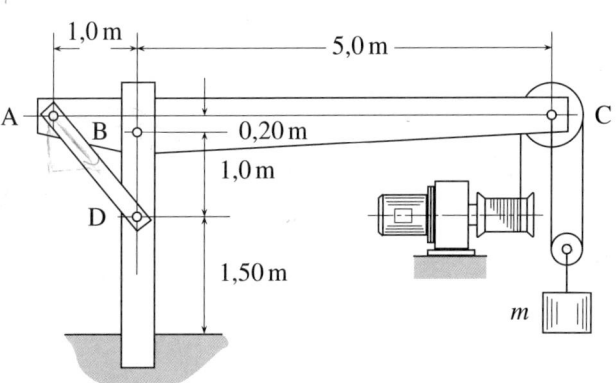

Abb. A3-7
A4-17

3-8 ✓   Abgebildet ist eine Masse, die im Bedarfsfall das über die Rolle geführte Seil 1 spannen soll. Das geschieht dadurch, dass die Winde die Masse über einen Flaschenzug (Seil 2) anhebt. Für die gegebenen Daten ist die Spannung in beiden Seilen zu berechnen.

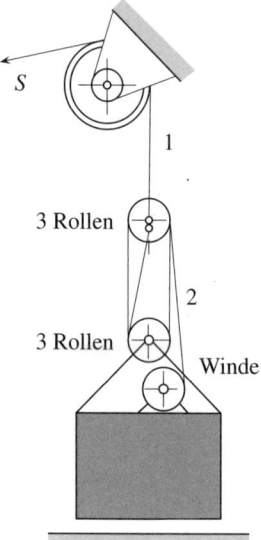

$m = 4000\,\text{kg}$; $d_1 = 20\,\text{mm}$; $d_2 = 10\,\text{mm}$; Füllfaktor $x = 0{,}50$.

Hinweis: Der Füllfaktor ist der Quotient aus „metallische Querschnittsfläche" und „umschriebene Kreisquerschnittsfläche Seil".

Abb. A3-8

3-9 ✓   Skizziert ist ein auf Zug beanspruchter Bolzen, der mit einer Kehlnaht auf eine Unterlage geschweißt ist. In allgemeiner Form ist eine Gleichung für die Abmessung a in Abhängigkeit von σ_{zul}, F und d aufzustellen. Diese ist für $\sigma_{zul} = 80\,\text{N/mm}^2$; $F = 24\,\text{kN}$; $d = 20\,\text{mm}$ auszuwerten. Hinweis: Der Schnitt der Schweißnaht mit der Höhe a wird in die Anschlussebene (= Unterlage) geklappt.

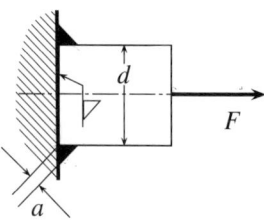

Abb. A 3-9

3-10 Die Abbildung zeigt einen geschweißten Rohranschluss. In folgenden Schnitten sind die Spannungen zu berechnen: Rohr, Schweißnaht Lasche, Lasche an der Stelle der Bohrung. Die Schweißnahtdicke $a = 3$ mm wird für die Berechnung in die Anschlussebene geklappt.

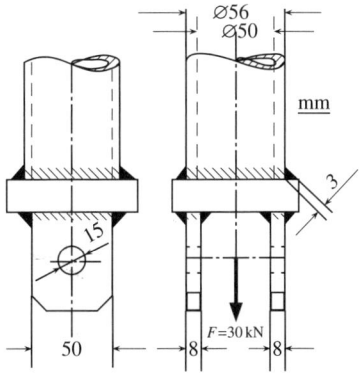

Abb. A 3-10/34

3-11 Eine Rohrleitung ist nach Skizze blindgeflanscht. Es ist eine allgemeine Gleichung für die Spannung (axiale Richtung) in der Schweißnaht bei Überdruck p aufzustellen und für $p = 40$ bar; $d = 150$ mm; $s = 5,0$ mm auszuwerten.

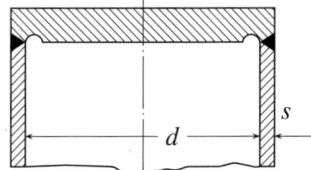

Abb. A 3-11

3-12 Skizziert ist eine Platte, die von einer Seilrolle zentrisch belastet wird. Sie ist mit vier symmetrisch angeordneten Schrauben befestigt. Für diese soll der Festigkeitsnachweis erbracht werden.

Seilkraft $S = 15,0$ kN; $\beta = 20°$;

Schrauben M 12-4.8 ($R_{p02} = 320$ N/mm^2);

Spannungsquerschnitt $A_s = 84,3$ mm^2; $d_m = 10,86$ mm;

Mittlerer Kopfdurchmesser $d_{mK} = 15$ mm;

Reibung Unterlage $\mu = 0,08$; Reibung Gewinde $\tan(\alpha + \rho) = 0,16$;

Anziehmoment $M_A = 21$ Nm.

Die Spannung im Spannungsquerschnitt soll 70 % von R_{p02} nicht übersteigen. Hinweis: durch Setzen u.ä. verursachte Effekte werden nicht
berücksichtigt.

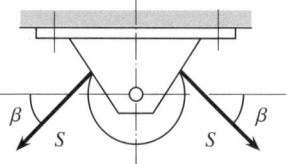

Abb. A 3-12

3-13   Die Skizze zeigt einen schräg verschweißten Flachstahl, der zentrisch auf
Zug belastet ist. Zu bestimmen sind Normal- und Schubspannung in der
Schweißnaht. Lösung allgemein und für

$$F = 15{,}0\,\text{kN}; \quad b = 40{,}0\,\text{mm}; \quad s = 5{,}0\,\text{mm}; \quad \beta = 60°.$$

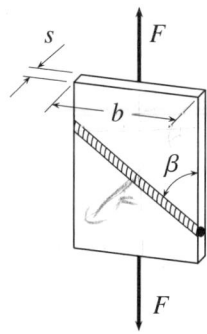

Abb. A 3-13

Formänderung bei Zug und Druck (3.3)

3-14   Ein Zugstab aus Stahl ($l = 100\,\text{mm}, d = 10\,\text{mm}$) wird mit einer Kraft von
12 kN gezogen. Zu bestimmen sind Verlängerung, Dehnung, Querkürzung,
Abnahme des Durchmessers, Änderung des Volumens.

3-15   Eine Zugstange der Länge L ist aus einem Werkstoff gefertigt, für den
die Bruchdehnung δ angegeben ist. Zu bestimmen ist die voraussichtliche
Verlängerung und Bruchdehnung der Zugstange bis zum Bruch. Die Lösung
soll allgemein angegeben werden und für

$$L = 2{,}00\,\text{m}; \quad \delta = 32\,\%; \quad \text{genormter Probestab } l = 100\,\text{mm}.$$

3-16   Auf eine starr angenommene Welle (Durchmesser d) wird ein Bronzering
aufgeschrumpft. Nach dem Erkalten soll im Ring eine vorgegebene Span-
nung σ wirken. In allgemeiner Form und für $d = 200\,\text{mm}$; $\sigma = 60\,\text{N/mm}^2$
ist das Untermaß des Rings zu bestimmen.

3-17   Eine Kupferstange (Länge l; Durchmesser d_{Cu}) ist mit einem Alu-Rohr
($D_{\text{Al}}/d_{\text{Al}} = d_{\text{Cu}}$) ummantelt. Sie wird mit einer Kraft F auf Zug beansprucht.
Zu bestimmen sind allgemein und für die gegebenen Daten die Spannungen
in beiden Teilen und die Verlängerung der Stange. An den Enden sind beide
Teile fest miteinander verbunden.

$F = 30{,}0\,\text{kN}$; $D_{\text{Al}} = 30{,}0\,\text{mm}$; $d_{\text{Cu}} = 20{,}0\,\text{mm}$; $l = 6{,}00\,\text{m}$.

3-18 $\checkmark$ Drei Blöcke gleicher Abmessungen, jedoch aus verschiedenen Werkstoffen
gefertigt, werden von zwei parallelen Platten zusammengedrückt. Aus
der Annäherung der Platten Δl sollen in allgemeiner Form die wirkende
Kraft F, die Spannung σ in den einzelnen Blöcken und deren Verkürzung
bestimmt werden. Die Gleichungen sind für (1) Stahl; (2) Kupfer; (3)
Aluminium und für

$l = 120\,\text{mm}$; $\Delta l = 0{,}030\,\text{mm}$; $A_1 = A_2 = A_3 = 2000\,\text{mm}^2$

auszuwerten.

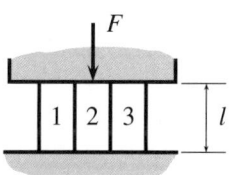

Abb. A 3-18

3-19   Es handelt sich um grundsätzlich die gleiche Aufgabe wie 3-18, jedoch sind
hier die Blöcke anders angeordnet. Zu bestimmen sind die wirkende Kraft,
die Spannungen, die Einzelverkürzungen allgemein und für

$$l = 40,0\,\text{mm}; \quad A = 2000\,\text{mm}^2; \quad \Delta l_{\text{ges}} = 0,030\,\text{mm}.$$

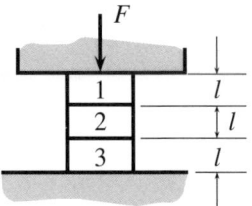

                                                                        Abb. A 3-19

3-20   Skizziert ist eine aus mehreren Abschnitten bestehende Rohrleitung, die
zwischen starren Anschlägen liegt. Die beiden Flansche klaffen um den
Abstand e. Allgemein und für die gegebenen Werte sind zu bestimmen

   a) die zum Schließen des Spaltes e notwendige Kraft F
      (Flanschschrauben),
   b) die Verlagerung der beiden Flansche beim Schließen des Spaltes.

Rohr	1	2	3	
D/d	60/50	40/32	50/42	$e = 1,0\,\text{mm}.$
l	12,0 m	5,0 m	4,0 m	

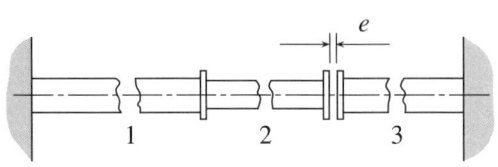

E - Stahl 2,1·10⁵ N/₂

                                                                        Abb. A 3-20

3-21   Abgebildet ist eine Dehnschraube, die über eine Hülse eine Platte hält. Nach
der Montage erfolgt in den Trennfugen ein Setzen der Verbindung. Damit
wird eine beim Anziehen verursachte Dehnung der Schraube teilweise rückgängig gemacht. Das führt zu einem Verlust der Vorspannkraft. Ist dieser zu
groß, muss die Schraube nach einer bestimmten Betriebszeit nachgezogen
werden. Man kann das durch Verwendung längerer Schrauben vermeiden,
da der gleiche Setzbetrag in einer längeren Schraube einen geringeren
Spannungsabbau verursacht. Hier setzt diese Aufgabe an. Es soll für die

unten gegebenen Daten ein Diagramm „prozentuale Spannungsabnahme im Schraubenschaft" in Abhängigkeit von der Hülsenlänge l_1 gezeichnet werden. Für eine Anziehgenauigkeit von $+/-15\,\%$ ist die mindestens notwendige Hülsenlänge anzugeben, für die ein Nachziehen nicht notwendig ist, weil der Spannungsverlust innerhalb der Anziehgenauigkeit liegt.

Schrauben Festigkeitsklasse 8.8 ($R_{p02} = 640\,\text{N/mm}^2$);
Vorspannung nach Montage $80\,\%$ von R_{p02};
Setzbetrag für drei Trennfugen $s = 16\,\mu\text{m}$;
Flansch $l_2 = 20\,\text{mm}$.

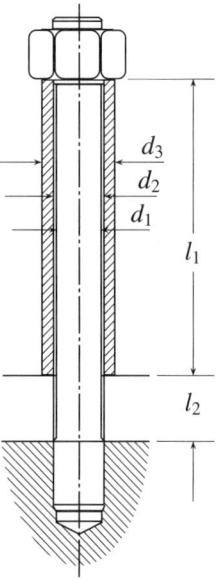

Abb. A 3-21/22/23

3-22 Die abgebildete Schraube wird hydraulisch vorgespannt. Dazu wird der über die Mutter herausragende Gewindeteil gefasst und mit einer Hydraulik gezogen. Dabei wird die Mutter bis zum Anschlag auf die Hülse geschraubt. Nach dem Lösen der Hydraulik ist die Schraube vorgespannt. In allgemeiner Form sind in Abhängigkeit von der Hydraulikkraft F_h zu bestimmen:

a) die Vorspannkraft F_V,
b) die Spannungen im Schraubenschaft und in der Hülse,
c) die Längenänderung Schaft/Hülse, die sich beim Lösen der Hydraulik einstellt.

Die Auswertung soll für folgende Daten erfolgen:

$F_h = 160\,\text{kN}$;   Schraube M 30; $d_1 = 25,7\,\text{mm}$; $d_2 = 31,0\,\text{mm}$; $d_3 = 44,0\,\text{mm}$;

rechnerische Hülsenlänge $l = l_1 + l_2 = 120\,\text{mm}$.

3-23 Die skizzierte Schraube gehört zur Deckelbefestigung eines Druckbehälters. Folgende Daten sind gegeben:

Durch Druck verursachte Deckelkraft $F_{ges} = 200\,kN$;
12 Schrauben M 16-6.8;
Vorspannung Schraube (Montage) $\sigma_V = 300\,N/mm^2$;
Gewindereibung $\tan(\alpha + \rho) = 0{,}16$; $d_m = 14{,}7\,mm$;
Reibung Mutter $\mu = 0{,}08$; $d_{mM} = 20\,mm$;
$d_1 = 13{,}5\,mm$; $d_2 = 16{,}5\,mm$; $d_3 = 24{,}0\,mm$;
$l_1 = 90\,mm$; $l_2 = 20\,mm$;
Rechnerische Hülsenlänge $l = l_1 + l_2$.

Zu bestimmen sind:

a) die Vorspannkraft im Schraubenschaft und die Vorspannung in der Hülse,

b) das Anziehmoment,

c) die Spannungen in Schraube und Hülse im Betriebszustand,

d) die Dichtkraft im Betriebszustand.

3-24 Die Verschiebung des Lastangriffspunktes der skizzierten Stabverbindung ist für folgende Daten zu bestimmen.

Stab 1: $l = 3{,}0\,m$; $A = 200\,mm^2$;
Stab 2: $l = 2{,}0\,m$; $A = 250\,mm^2$;
$F = 20{,}0\,kN$; $\alpha = \beta = 45°$.

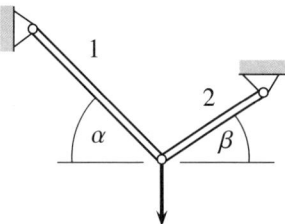

Abb. A 3-24/32

3-25 Eine homogene, starre Masse ist an vier Stäben aufgehängt. Alle Stäbe sind geometrisch gleich. Die Werkstoffe von (1) und (2) haben verschiedene E-Module. In allgemeiner Form und für $E_1/E_2 = 2{,}0$ sind die Stabkräfte S_1 und S_2 zu bestimmen. Die Ergebnisse sind zu diskutieren.

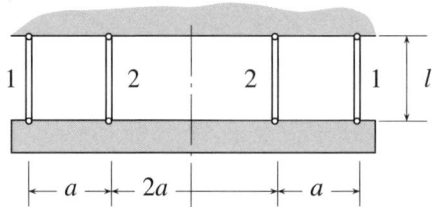

Abb. A 3-25/26

3-26 Eine homogene, starre Masse ist an vier Stäben aufgehängt. Diese sind gleich, jedoch sind die Stäbe (2) um s zu kurz gefertigt. In allgemeiner Form und für $m = 400\,\text{kg}$; $l = 2{,}0\,\text{m}$; $A = 20\,\text{mm}^2$; $s = 0{,}50\,\text{mm}$ sind die Stabkräfte zu bestimmen. Die Ergebnisse sind zu diskutieren.

3-27 Der skizzierte, starre Träger hängt an drei gleichen Stäben und ist in B gelenkig gelagert. Zu bestimmen sind für $a = 2{,}0\,\text{m}$; $q = 30\,\text{kN/m}$ die Stabkräfte 1 bis 3. Die Ergebnisse sind zu diskutieren.

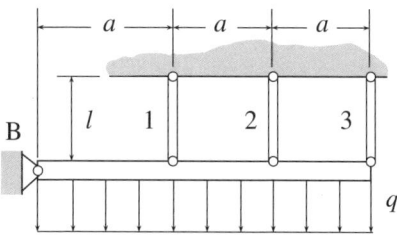

Abb. A 3-27

3-28 Für eine hängende Stange aus elastischem Werkstoff ist in allgemeiner Form die durch das Eigengewicht verursachte Verlängerung zu berechnen.

Formänderungsarbeit bei Zug und Druck (3.4)

3-29 Eine Zugstange mit Kreisquerschnitt ($d = 25\,\text{mm}$; $l = 2{,}00\,\text{m}$) ist durch Überlastung zerstört worden. Ein aus dem Stangenmaterial gedrehter Versuchsstab mit Normabmessung ($d = 10\,\text{mm}$; $l = 100\,\text{mm}$) ergab im Zugversuch folgende Werte: $R_m = 405\,\text{N/mm}^2$; $\delta = 33{,}8\,\%$. Das Spannungs-Dehnungs-Diagramm nahm 80 % des Rechtecks $R_m \times \delta$ ein. Wie groß muss die zur Zerstörung der Zugstange aufgewendete Arbeit gewesen sein?

3-30 Eine Masse m fällt frei herunter und wird nach einer Fallhöhe h von einem Stahlseil der Länge l gefangen. Vom Seil sind metallischer Querschnitt A und E-Modul bekannt. Es ist in allgemeiner Form eine Gleichung für die beim Auffangen der Masse auftretende maximale Kraft abzuleiten.

3-31　Die Skizze zeigt eine Masse m, die frei (Fallhöhe h) auf den Anschlag der senkrechten Stahlstange fällt. Unter Annahme eines unelastischen Stoßes und einer vernachlässigbaren Stangenmasse ist die Fallhöhe h so zu bestimmen, dass sich der n-fache Wert der durch $m \cdot g$ verursachten Spannung im Stab ergibt. Die allgemeine Lösung ist für $m = 200\,\mathrm{kg}$; $l = 2,0\,\mathrm{m}$; $A = 100\,\mathrm{mm}^2$; $n = 10$ auszuwerten. Das Ergebnis ist zu diskutieren.

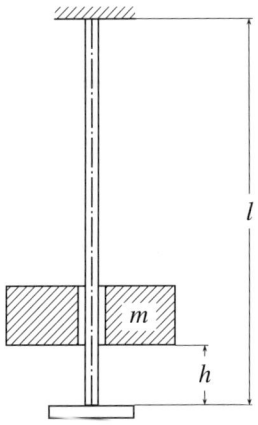

Abb. A 3-31

3-32　Für den Stabverband 3-24 ist mit Hilfe der Gleichung für die Formänderungsarbeit die senkrechte Verlagerung des Angriffspunktes zu berechnen.

Flächenpressung und Lochleibung (3.5)

3-33　Die Lochleibung der Niete der Verbindung 3-3 ist unter Voraussetzung gleichmäßiger Kraftverteilung zu berechnen.

3-34　Die Lochleibung des Bolzens in der Schweißkonstruktion 3-10 ist zu berechnen.

3-35　Für eine Welle/Nabe-Verbindung mit einer Passfeder ist die Flächenpressung an der Passfeder zu berechnen. Lösung allgemein und für

Leistung $P = 60,0\,\mathrm{kW}$;　Drehzahl $n = 3000\,\mathrm{min}^{-1}$;
Welle $d = 40\,\mathrm{mm}$;
Passfeder $12 \times 8 / l = 40\,\mathrm{mm}$ (tragend); $e = 3,1\,\mathrm{mm}$ herausragend.

4 Biegung

Biegemoment und Querkraft (4.4)

Hinweis: Das Thema dieses Kapitels ist „Biegung". Die zusätzliche Wirkung von Längs- und Querkräften in gebogenen Bauteilen wird in den Kapiteln 8 und 9 behandelt.

4-1 bis 6 Für die abgebildeten Träger sind jeweils das Querkraft- und Biegemomentendiagramm zu zeichnen.

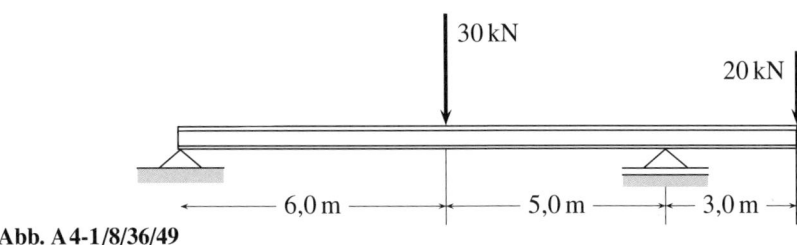

Abb. A 4-1/8/36/49

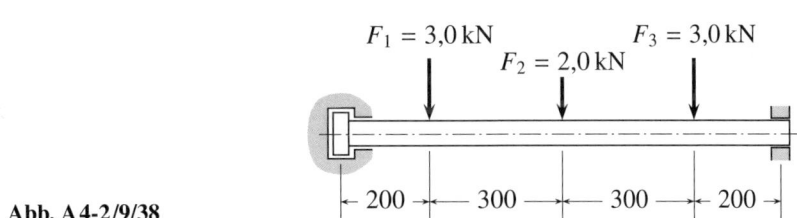

Abb. A 4-2/9/38

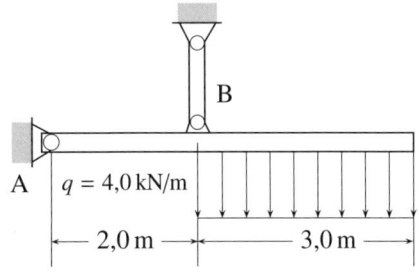

Abb. A 4-3/10/39/51

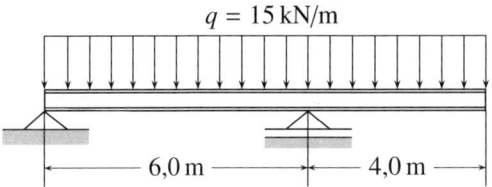

Abb. A 4-4/11/40/45/50

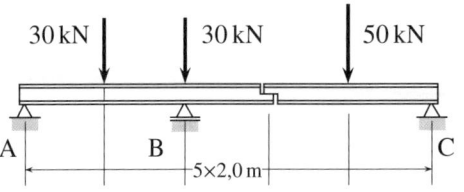

Abb. A 4-5/37

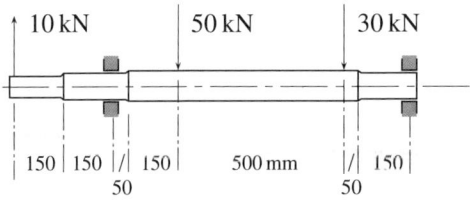

Abb. A 4-6/46

4-7   Für den skizzierten Träger mit Dreieckslast sind Gleichungen für die Streckenlast, den Querkraft- und den Biegemomentenverlauf aufzustellen. Die Diagramme sind für $q_0 = 12{,}0$ kN/m; $l = 6{,}0$ m zu zeichnen.

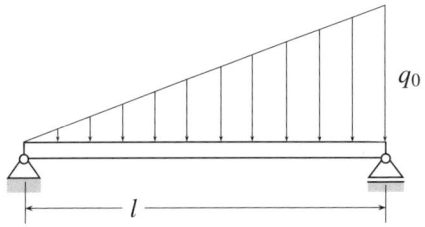

Abb. A 4-7/12

4-8 bis 12   Für die Träger 4-1 bis 4 und 7 sind mit dem FÖPPLschen Verfahren die Querkraft- und die Biegemomentengleichung aufzustellen.

4-13/14/15   Der gekröpfte Träger ist bei A eingespannt und über eine Rolle mit der Masse m belastet. Das Biegemomentendiagramm ist für $m = 3000$ kg; $a = 2{,}0$ m; $r = 200$ mm zu zeichnen.

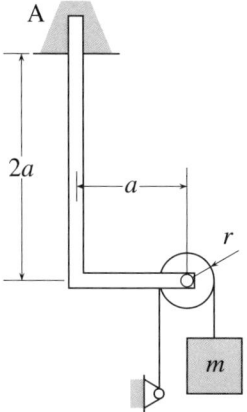

Abb. A 4-13

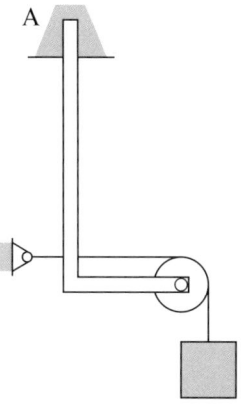

Abb. A 4-14

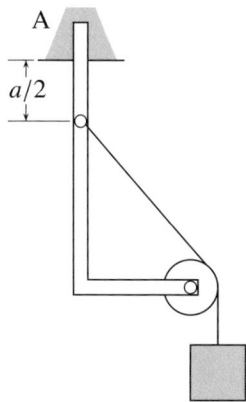

Abb. A 4-15

4-16   Skizziert ist ein Träger, auf dem ein Motor befestigt ist, der ein Objekt
             außerhalb des Trägers antreibt. Zu zeichnen ist das Biegemomentendia-
             gramm, das durch das Motormoment verursacht wird.

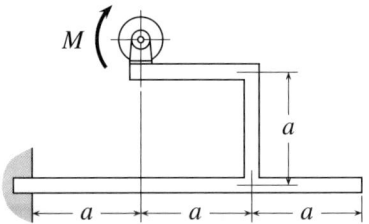

Abb. A 4-16

4-17   Für die Säule des Krans 3-7 ist das Biegemomentendiagramm zu zeich-
             nen.

4-18 bis 21 Für das skizzierte System ist das Biegemomentendiagramm zu ermit-
             teln.

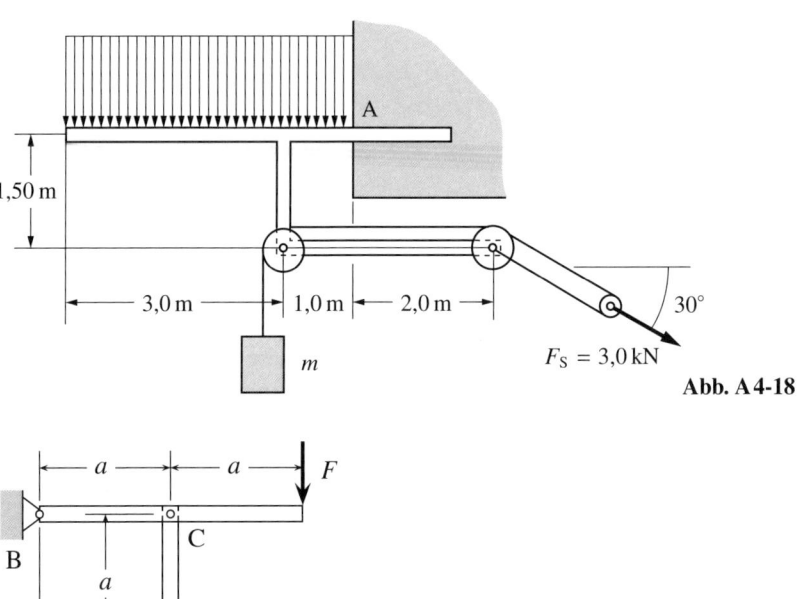

Abb. A 4-18

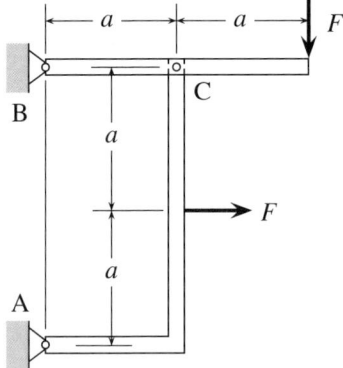

Abb. A 4-19

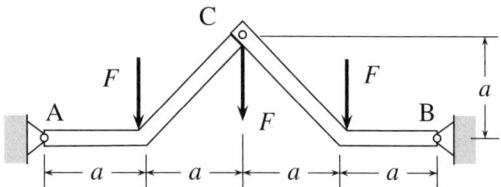

Abb. A 4-20

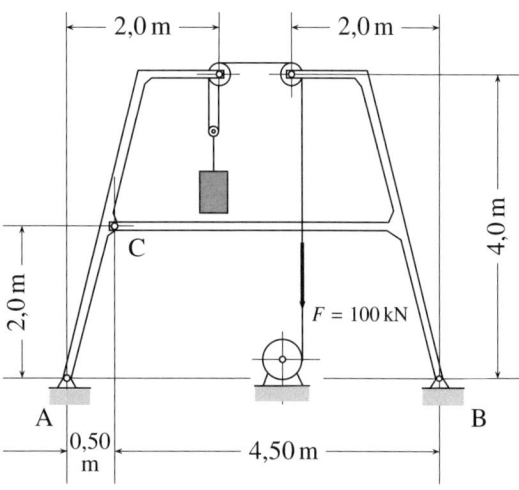

Abb. A 4-21

4-22 An dem skizzierten Träger greift ein Kräftepaar M nacheinander an verschiedenen Stellen an. Die Lage wird durch den Faktor n vorgegeben. Zu zeichnen sind die Biegemomentendiagramme für $n = 0$; 0,5; 0,75; 1,0. Es handelt sich hier um eine Vorübung für die Ermittlung von Deformationen nach dem Kraftgrößenverfahren.

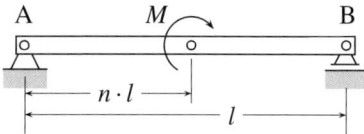

Abb. A 4-22

4-23   Ein geschlossener Rahmen wird nach Skizze oben geschnitten. An der Schnittstelle werden nacheinander Querkraft, Längskraft und Moment eingeführt. Für alle Belastungen sind die Biegemomentendiagramme zu zeichnen.

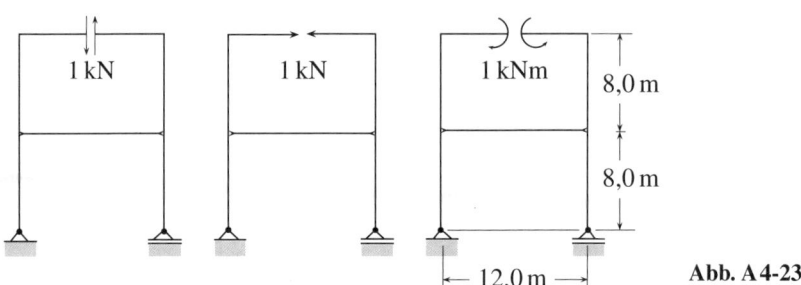

Abb. A 4-23

Axiale Flächenträgheits- und Widerstandsmomente (4.5)

Hinweis: Für die nachfolgenden Aufgaben gilt folgendes Koordinatensystem: Die Längsachse des Trägers wird mit x, die Abszissenachse des Querschnitts mit y, die Ordinatenachse des Querschnitts mit z bezeichnet (Tabelle 10, Stahlbauprofile).

4-24   Diese Aufgabe soll die starke Zunahme des Flächenträgheitsmoments mit größer werdendem Abstand des Flächenschwerpunkts von der Bezugsachse demonstrieren. Dazu wird nach Skizze ein Rechteck $a \times a$ in einem Abstand $n \cdot a$ von der Bezugsachse betrachtet. Der Faktor $K = I_y / I_{yS}$, um den sich das Flächenträgheitsmoment bei zunehmendem Abstand vergrößert, soll allgemein abgeleitet werden. Das Diagramm $K = f(n)$ ist zu zeichnen und zu diskutieren.

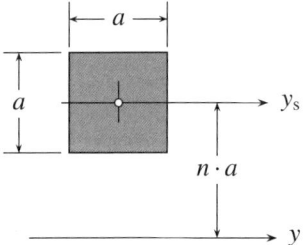

Abb. A 4-24

4-25 bis 30   Für die skizzierte Querschnittsfläche sind jeweils W_y; W_z zu bestimmen.

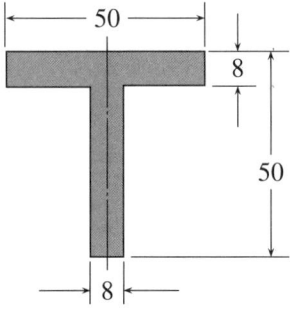

Abb. A 4-25

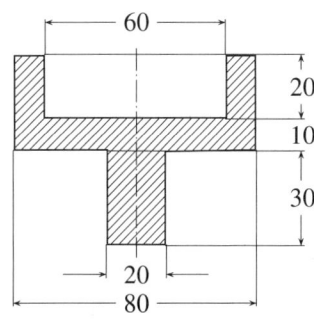

Abb. A 4-26

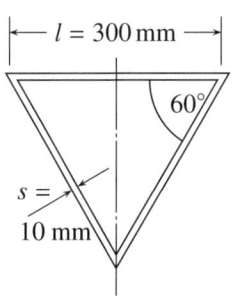

Abb. A 4-27

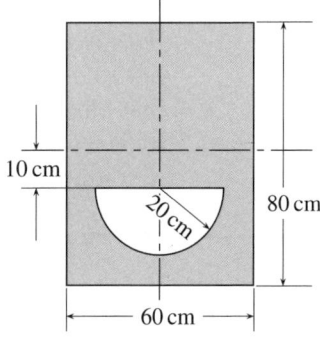

Abb. A 4-28

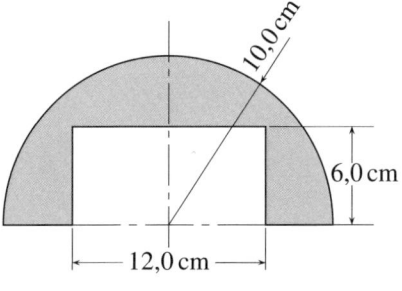

Abb. A 4-29

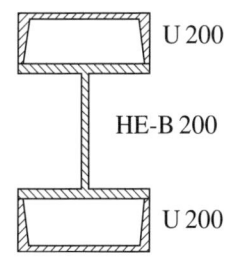

Abb. A4-30
A5-3

4-31   Für das geschweißte H-Profil ist die Flanschbreite B so zu bestimmen,
               dass das Widerstandsmoment $W_y = 400\,\text{cm}^3$ beträgt.

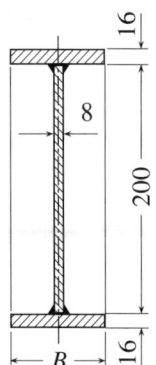

Abb. A4-31
A5-4

4-32   Ein HE-B (IPB) 300-Träger wird in der Mitte des Steges getrennt. Es
               entstehen zwei gleiche T-Profile für die W_y; W_z zu bestimmen sind.

4-33   Das skizzierte Profil ist durch Zerlegen eines HE-B 300-Trägers mit
               Zwischenlage einer 300 mm hohen Platte entstanden. Diese Platte
               hat eine Nenndicke von 12 mm. Wegen des zulässigen Abmaßes von
               0,5 mm soll mit einer Plattendicke von 11,5 mm gerechnet werden. Zu
               bestimmen sind die Widerstandsmomente für die y- und z-Achse.

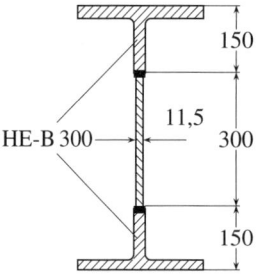

Abb. A4-33/42
A9-12

4-34   Auf den Flansch eines HE-B 200-Trägers werden zwei Flachstähle nach
            Skizze aufgeschweißt. Zu bestimmen ist das Widerstandsmoment für
            die y-Achse. Dieser Wert ist mit dem Widerstandsmoment des HE-B-
            Trägers zu vergleichen. Das Ergebnis ist zu diskutieren.

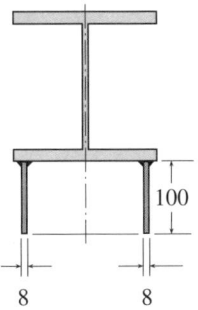

Abb. A 4-34

Anwendung der Biegegleichung (4.3/4.4/4.5)

4-35   Eine Achse ist für $M_b = 2{,}0\,\text{kNm}$ und $\sigma_{zul} = 50\,\text{N/mm}^2$ zu dimensionie-
            ren:

   a)   als Vollwelle,
   b)   als Hohlwelle mit Innendurchmesser $d_i = 40{,}0\,\text{mm}$,
   c)   als Hohlwelle mit Außendurchmesser $d_a = 100\,\text{mm}$.

            Es ist ein Gewichtsvergleich durchzuführen.

4-36/37 Für einen Träger nach 4-1/4-5, sind ein HE-B (IPB)- und ein I-Träger
            für $\sigma_{zul} = 140\,\text{N/mm}^2$ zu dimensionieren. Für den leichteren Träger ist
            der Spannungsnachweis zu führen.

4-38   Das System 4-2 stellt eine Achse dar. Für die Lastangriffspunkte sind
            die erforderlichen Durchmesser für $\sigma_{zul} = 50\,\text{N/mm}^2$ für Voll- und
            Hohlquerschnitt ($d_i = 30{,}0\,\text{mm}$) zu berechnen.

4-39   Der Träger 4-3 hat das skizzierte Profil. Zu bestimmen ist die maximale
            Biegespannung.

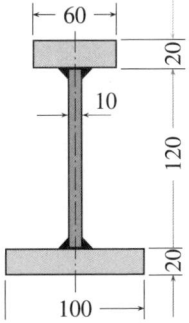

Abb. A 4-39

4-40   Der Träger 4-4 hat das skizzierte Profil. Zu bestimmen ist die maximale
Biegespannung.

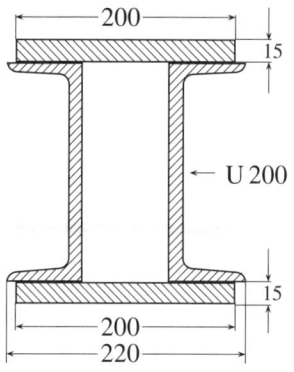

Abb. A 4-40

4-41   Ein eingespannter Träger HE-B 300 ist mit $q = 20\,\text{kN/m}$ belastet. Welche belastete Trägerlänge ist bei $\sigma_{\text{zul}} = 140\,\text{N/mm}^2$ möglich?

4-42   Ein Träger mit dem Profil nach 4-33 liegt an den Enden frei auf und ist
mit $q = \text{konst.} = 100\,\text{kN/m}$ belastet. Welche Trägerlänge ist für $\sigma_{\text{zul}} = 120\,\text{N/mm}^2$ möglich?

4-43   Ein frei auf den Enden aufliegender Träger (Länge l) mit der Mittellast
F soll als I-Träger eine Optimalform nach Skizze erhalten. In jedem
Schnitt soll die Spannung σ_{zul} sein. Da der Steg ausgespart wird,
wird angenommen, dass nur die Flansche das Biegemoment übertragen.
Aufzustellen ist eine Berechnungsgleichung für h. Für $F = 400\,\text{kN}$; $l = 8{,}0\,\text{m}$; Flanschquerschnitt $A = 80\,\text{cm}^2$; $s = 2{,}0\,\text{cm}$; $\sigma_{\text{zul}} = 140\,\text{N/mm}^2$ ist h_{max} zu berechnen.

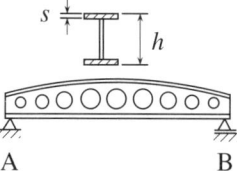

Abb. A 4-43

4-44   Ein beidseitig frei gelagerter Träger der Länge l mit dem abgebildeten Profil trägt eine konstante Streckenlast. In welchem Bereich sind für die gegebenen Daten die Gurte nicht notwendig?

$l = 8{,}0\,\text{m};$ $q = 50\,\text{kN/m};$ $\sigma_{zul} = 140\,\text{N/mm}^2.$

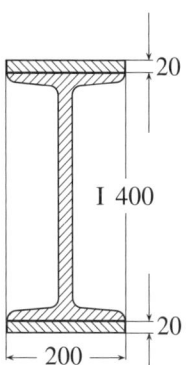

Abb. A4-44
    A5-2
    A9-11

4-45   Für den Träger 4-4 soll ein durch Gurte verstärktes Profil HE-B 160 verwendet werden. Die Gurtdicke beträgt $s = 14\,\text{mm}$, die Spannung soll den Wert von $180\,\text{N/mm}^2$ nicht übersteigen. Zu bestimmen ist die notwendige Breite der Gurte. Dieser Wert ist auf volle cm aufzurunden. Die Spannung im höchst beanspruchten Querschnitt ist zu berechnen. Es ist anzugeben, in welchem Bereich die Verstärkung durch die Gurte notwendig ist.

4-46   Die Durchmesser aller Abschnitte der Achse 4-6 sind für $\sigma_{zul} = 50\,\text{N/mm}^2$ zu berechnen.

4-47   Die Abbildung zeigt das Detail einer Rohrleitung. Es sind die durch die äußeren Belastungen verursachten Biegespannungen in den Querschnitten 1 bis 6 zu berechnen.

Rohrinnendurchmesser $d = 200\,\text{mm};$ Wanddicke $s = 5\,\text{mm}.$

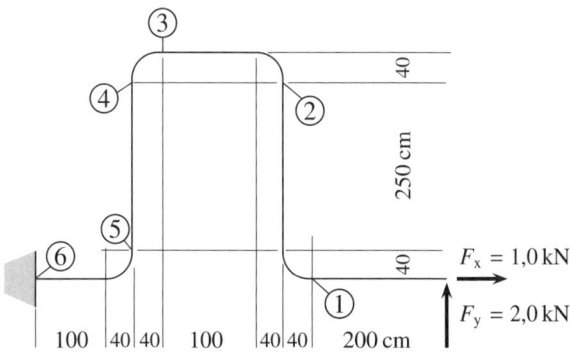

Abb. A4-47

Formänderung bei Biegung (4.6)

4-48   Das Thema dieser Aufgabe sind die Modellgesetze. Die Fragestellung
lautet: Wie ändern sich die Spannung σ und die Durchbiegung w eines
Trägers, wenn seine Länge um den Faktor k_l, die Last um den Faktor
k_f und der Querschnitt maßstäblich um den Faktor k_m (linearer Abbil-
dungsmaßstab) geändert werden. Es ist eine Proportion für a) Einzelkräfte,
b) Streckenlasten anzugeben, die diese Faktoren enthält. Anzuwenden sind
diese Proportionen auf den Prototyp einer mit Einzelkräften belasteten Ach-
se, von der $\sigma_{max} = 80\,\text{N/mm}^2$ und $w_{max} = 0{,}10\,\text{mm}$ bekannt sind. Nach
dieser Achse soll folgende Variante gerechnet werden: Die Länge wird um
30 % gekürzt, der Durchmesser um 10 % verkleinert und die angreifende
Kraft um 40 % erhöht. Zu bestimmen sind σ und w.

4-49   Der Träger 4-1 hat ein HE-B 340-Profil. Mit dem FöPPLschen Verfahren sind
die Durchbiegungen an den Lastangriffsstellen und die Schiefstellung des
Trägers an beiden Enden zu berechnen.

4-50   Der Träger 4-4 hat ein HE-B 500-Profil. Zu bestimmen sind mit dem
FöPPLschen Verfahren die Durchbiegung in der Mitte zwischen den Lagern
und am Trägerende.

4-51   Der Träger 4-3 wird aus einem Profil I 340 hergestellt. Der Zuganker ist als
Flachstahl 10 mm × 50 mm von 4,0 m Länge ausgeführt. Zu bestimmen ist
die Verlagerung des Trägerendes.

4-52   Für die abgebildete Welle ist die Biegelinie zu ermitteln. Gesucht sind die
Durchbiegungen an den Lastangriffsstellen und die Schiefstellungen der
Welle in den Lagern.

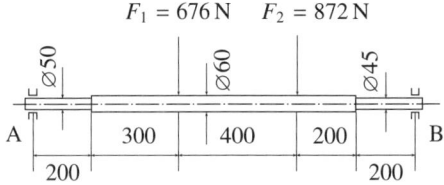

Abb. A4-52

4-53   Der abgebildete Rahmen besteht aus Trägern mit dem Profil I 360. Die
Ecken sind biegesteif. Die Zusammendrückung der Ständer ist vernachläs-
sigbar klein. Zu bestimmen sind mit Hilfe der Tabelle 11

a)   die maximale Durchbiegung des Querholmes,

b)   die Verlagerung des Loslagers,

c)   die Verlagerung der Ecke C.

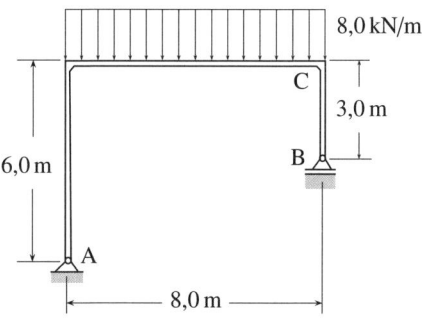

Abb. A 4-53

4-54   Für das skizzierte System ist die Verschiebung des Lastangriffspunktes
allgemein mit dem Kraftgrößenverfahren zu bestimmen.

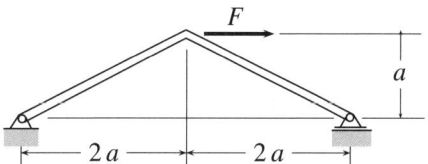

Abb. A 4-54

4-55   Der eingespannte Träger ist nach Skizze abgesetzt. Zu bestimmen sind in
allgemeiner Form die maximale Durchbiegung und Schiefstellung mit dem
Kraftgrößenverfahren.

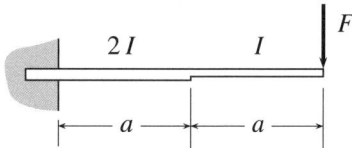

Abb. A 4-55

4-56   Für den gekröpften Träger unterschiedlicher Biegesteifigkeit sind in allgemeiner Form die Verlagerung und Schiefstellung des Endpunktes zu
bestimmen. Die Ergebnisse sind mit Hilfe der Tabelle 11 zu kontrollieren.

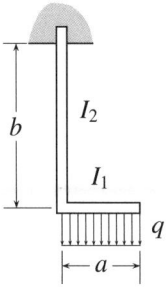

Abb. A 4-56

4-57   Der nach Skizze gekröpfte Träger wird zunächst mit der Kraft F_1 belastet.
Dabei verschiebt sich der Punkt B nach rechts unten. Zu bestimmen ist eine
Kraft F_B so, dass die horizontale Verschiebung von B rückgängig gemacht
wird.

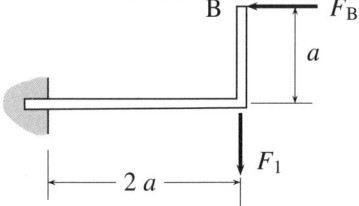

Abb. A 4-57

4-58   Ein frei aufliegender Träger I 240 der Länge $l = 6{,}0$ m ist durchgehend
mit $q = 10{,}0$ kN/m belastet. Die dabei entstehende Durchbiegung in der
Mitte soll durch eine Kraft F_C rückgängig gemacht werden. Für diese
Bedingung ist die Größe von F_C zu bestimmen. Um wieviel %, bezogen auf
den Ausgangswert, ist durch die Wirkung von F_C die maximale Spannung
vermindert worden?

4-59   Diese Aufgabe schließt an 4-58 an. Die Kraft F_C drückt den Träger a) um
$e = 5{,}0$ mm über, b) um $e = 5{,}0$ mm unter die Verbindungslinie AB. Gesucht
sind die maximalen Spannungen für beide Fälle und die Abweichungen
gegenüber dem Idealfall nach A4-58.

Profile mit zwei Symmetrieachsen bei schiefer Biegung (4.7.1)

4-60   Diese Aufgabe soll modellmäßig die Belastung in den Trägern eines Brückenkrans beim Anfahren erfassen. Das Modell besteht aus zwei parallel liegenden I 360-Trägern der Länge $l = 8{,}0$ m zwischen denen mittig eine Masse $m = 10000$ kg liegt. Zu bestimmen ist die maximale Beschleunigung für $\sigma_{zul} = 140$ N/mm². Die Trägermasse ist zu berücksichtigen.

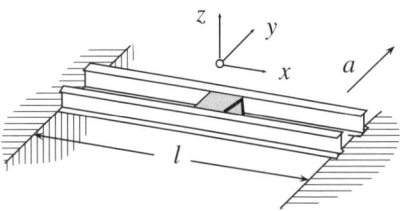

Abb. A 4-60

4-61   Der skizzierte Träger hat folgende Daten: Profil I 300; Länge $l = 2{,}0$ m; Kraft $F = 10{,}0$ kN. Zu bestimmen ist der maximal mögliche Winkel β für $\sigma_{zul} = 140$ N/mm².

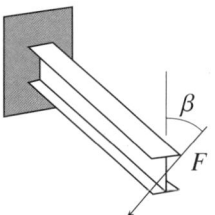

Abb. A 4-61

4-62   Für den skizzierten Kastenträger sind folgende Daten gegeben: Querschnittsabmessungen außen $H = 40{,}0$ cm; $B = 30{,}0$ cm; innen $h = 37{,}0$ cm; $b = 27{,}0$ cm; $F_1 = 60{,}0$ kN; $F_2 = 30{,}0$ kN; $q = 25{,}0$ kN/m; $a = 2{,}0$ m. Zu bestimmen sind die Spannungen in der Trägermitte und am Lastangriffspunkt 1.

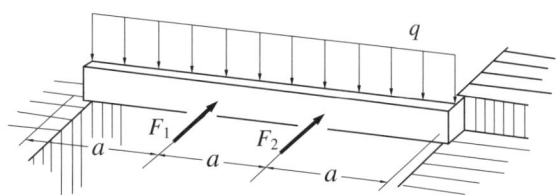

Abb. A 4-62

4-63   Die skizzierte Achse ist als Hohlwelle $d_i = 40$ mm; d_a = konst. für $\sigma_{zul} =$
          60 N/mm^2 zu dimensionieren.

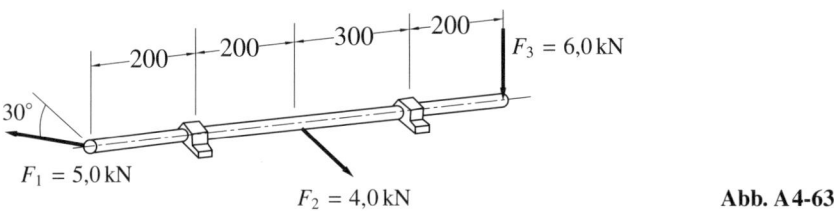

Abb. A 4-63

Hauptachsenproblem und schiefe Biegung (4.7.3)

4-64/65   Für das skizzierte Profil sind I_y; I_z; I_{yz}; I_{max}; I_{min}; α_h für die Schwerpunkt-
            achsen zu bestimmen. Die Ergebnisse sind mit dem MOHRschen Kreis zu
            kontrollieren.

Abb. A4-64

Abb. A4-65
A7-3

4-66   An einem Profil HE-B 180 ist der linke, untere Flansch in einer Breite
          von $e = 80$ mm entfernt. Für das so veränderte Profil sind I_{max}; I_{min}; α_h zu
          bestimmen.

4-67   Ein Profil Z 200 überträgt nach Skizze ein Biegemoment $M_b = 3,0$ kNm. Zu
          bestimmen sind die Spannungen in den Punkten A; B; C.

Abb. A 4-67

4-68   Ein Winkelprofil L 50 × 6 überträgt ein Biegemoment $M_b = 200$ Nm.
          Der Momentenvektor liegt horizontal und parallel zu einem nach rechts
          gerichteten Winkelschenkel. Zu bestimmen sind die Spannungen in allen
          Eckpunkten.

4-69   Das Profil A4-64 ist mit einem Biegemoment M_b = 50,0 kNm belastet. Der Momentenvektor liegt horizontal. Zu bestimmen sind die Spannungen in den Punkten A bis C und die Lage der neutralen Faser.

Formänderungsarbeit bei Biegung

4-70   Ein eingespannter Träger (EI = konst.; Länge l) ist am Ende mit einer Kraft F belastet. Aus der Formänderungsarbeit am Träger ist die Durchbiegung am Lastangriffspunkt zu berechnen.

4-71   Ein eingespannter Träger (EI = konst.; Länge l) ist am Ende mit einem Moment M belastet. Aus der Formänderungsarbeit am Träger ist die Schiefstellung des Trägerendes zu bestimmen.

4-72   Für das skizzierte System (EI = konst.) ist in allgemeiner Form aus der Formänderungsarbeit am System die Durchbiegung an der Lastangriffsstelle zu bestimmen.

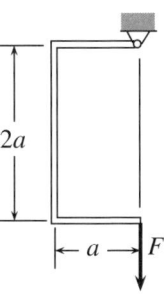

Abb. A 4-72

4-73   Auf einen frei aufliegenden Träger fällt mittig eine Masse m. Falls diese viel größer als die Trägermasse ist, können Stoßverluste und andere Effekte vernachlässigt werden. Unter dieser Voraussetzung sind in allgemeiner Form eine Gleichung für das Verhältnis $\sigma_{dyn}/\sigma_{stat}$ und die maximale Fallhöhe h für einen vorgegebenen Wert $\sigma_{zul} = \sigma_{dyn}$ aufzustellen. Diese sind für m = 1000 kg; Trägerprofil I 200; Trägerlänge l = 4,0 m; σ_{zul} = 140 N/mm^2 auszuwerten.

4-74   Der nach Skizze gekröpfte Träger soll als elastisches System eine mit der Geschwindigkeit v bewegte Masse m auffangen. In Abhängigkeit von EI; m; v; σ_{zul} sind allgemein zu bestimmen:

   a)   die Abmessung l,
   b)   die maximale Kraft F,
   c)   die maximale Aufbiegung w_x des elastischen Systems in horizontaler Richtung.

Diese Gleichungen sind für folgende Daten auszuwerten:

Hohlprofil $40 \times 40 \times 4$ ($I = 11{,}1\,\mathrm{cm}^4$); $m = 20{,}0\,\mathrm{kg}$; $v = 1{,}0\,\mathrm{m/s}$;

$\sigma_{\mathrm{zul}} = 100\,\mathrm{N/mm}^2$.

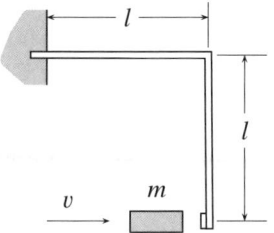

Abb. A 4-74

5 Schub

Schubspannung im auf Biegung beanspruchten Balken (5.3)

5-1 Zwei Rohre und eine Stahlplatte sind nach Skizze zu einem Profil verschweißt. Die Nahthöhe beträgt $a = 5$ mm. Die Biegequerkraft $F_q = 110$ kN
wirkt in Richtung des Stegs. Zu bestimmen ist die durch sie verursachte
Schubspannung in den Schweißnähten.

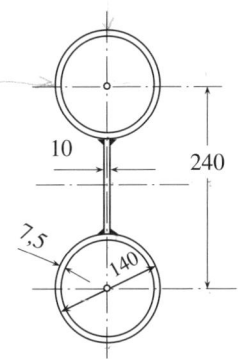

Abb. A5-1

5-2 Die Gurtplatten am Profil 4-44 sind mit Schweißnähten $a = 8$ mm aufgeschweißt. Für eine in Stegrichtung wirkende Querkraft von 500 kN ist die
Schubspannung in den Nähten zu berechnen.

5-3 Die U-Profile am Träger 4-30 sind mit $a = 6$ mm aufgeschweißt. Für eine
senkrecht wirkende Querkraft $F_q = 120$ kN ist die Schubspannung in den
Schweißnähten zu berechnen.

5-4 Ein Träger mit dem Profil nach 4-31 ist mit $B = 110$ mm ausgeführt. Für
eine Querkraft $F_q = 50,0$ kN in Stegrichtung sind die Schubspannungen in
der Schweißnaht ($a = 5$ mm) und in der Stegmitte zu berechnen.

5-5 Zwei HE-B 100-Träger sind nach Skizze übereinander angeordnet und in
Stegrichtung mit $F_q = 40$ kN belastet. Fall a) Träger liegen lose aufeinander,
Reibungskräfte werden nicht berücksichtigt. Fall b) Träger sind beidseitig
mit $a = 4$ mm zusammengeschweißt. Zu bestimmen sind für a) τ in der

Stegmitte, für b) τ in der Schweißnaht. Zusatzfrage: Wie verhalten sich die Biegesteifigkeiten für beide Fälle?

Abb. A5-5

5-6   Das skizzierte Profil besteht aus zwei geklebten Alu-Flachstäben. Welche Schubspannung verursacht eine Biegequerkraft F_q von 1,0 kN in der Klebefuge? Die Rechnung ist so durchzuführen, als wäre der Steg ohne Einfräsung aufgesetzt.

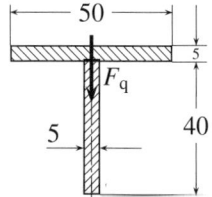

Abb. A5-6

5-7   Das skizzierte Profil besteht aus faserverstärktem Kunststoff. Die Fasern sind im Steg a) nur in Längsrichtung, b) zur Hälfte in Längs- und Querrichtung eingelegt. Folgende Spannungen sind zugelassen

parallel zur Faser $\tau_p = 5\,N/mm^2$; quer zur Faser $\tau_q = 50\,N/mm^2$.

Zu bestimmen ist die zulässige Biegequerkraft für beide Fälle.

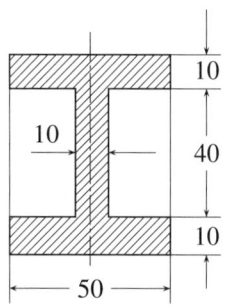

Abb. A5-7

5-8   Ein frei aufliegender Träger I 200 der Länge l ist mit einer konstanten Streckenlast q belastet. Zu bestimmen ist die maximale Schubspannung im Träger für $l = 3,0\,m$ und $q = 20\,kNm$.

Abscheren (5.5)

5-9   Für die Nietverbindung 3-3 ist die Abscherspannung unter Voraussetzung gleichmäßiger Kraftverteilung zu berechnen.

5-10   Die Skizze zeigt das Detail einer Sollbruchstelle, wie sie als Sicherung zur Vermeidung von Überlastungen eingebaut wird. Die Buchse besteht aus einem Werkstoff mit einer Bruchabscherspannung τ_{aB}. Für einen vorgegebenen Außendurchmesser D soll der Innendurchmesser so bestimmt werden, dass eine Kraft F zum Bruch führt. Lösung allgemein und für

$$F = 24\,\text{kN}; \quad \tau_{aB} = 480\,\text{N/mm}^2; \quad D = 10{,}0\,\text{mm}.$$

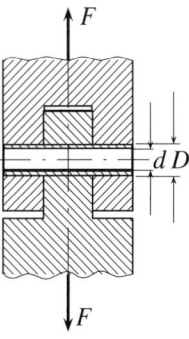

Abb. A 5-10

5-11   Welche Leistung kann die skizzierte Nabenverbindung bei einer Drehzahl $n = 1000\,\text{min}^{-1}$ übertragen? $\tau_{aB} = 100\,\text{N/mm}^2$.

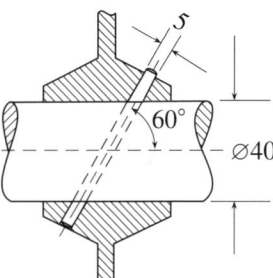

Abb. A 5-11

5-12 Eine Welle/Nabe-Verbindung (Durchmesser d) überträgt über eine Passfeder eine Leistung P bei einer Drehzahl n. Zu berechnen ist die Abscherspannung in der Passfeder allgemein und für

$P = 60\,\text{kW}; \quad n = 3000\,\text{min}^{-1}; \quad d = 40\,\text{mm};$
Passfeder $12 \times 48/l = 40\,\text{mm}$ (tragend).

5-13 Die abgebildete Welle/Nabe-Verbindung überträgt eine Leistung P bei einer Drehzahl n. Zu berechnen ist die Spannung in den Schweißnähten allgemein und für

$P = 130\,\text{kW}; \quad n = 500\,\text{min}^{-1}; \quad d = 70\,\text{mm}; \quad a = 6\,\text{mm}.$

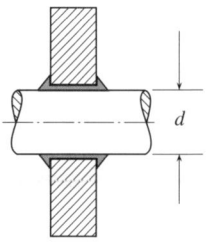

Abb. A 5-13

5-14 Auf einer Grundplatte ist a) eine Rechteckplatte $b \times h$ und b) eine kreisförmige Platte (Durchmesser d) mit einer umlaufenden Schweißnaht (Abmessung a) aufgeschweißt. Die Platte ist durch ein Moment belastet, dessen Vektor senkrecht auf dieser steht. In allgemeiner Form ist die Schubspannung in der Schweißnaht zu berechnen.

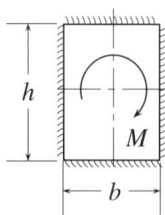 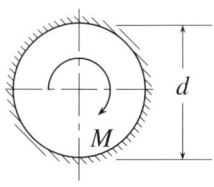

Abb. A 5-14

5-15 Die abgebildete Konsole ist mit einer durchgehenden Schweißnaht (*a*) auf eine Grundplatte aufgeschweißt. Die rechte Naht liegt auf der Rückseite. Zu berechnen ist allgemein und für die unten gegebenen Daten die maximale Schubspannung. Hinweis: zuerst 5-14 lösen. Kraft in die Mitte der Schweißverbindung schieben. Beanspruchung durch Kraft und Moment überlagern.

$F = 10\,\text{kN};\quad l = 150\,\text{mm};\quad h = 80\,\text{mm};\quad b = 100\,\text{mm};\quad a = 4\,\text{mm}.$

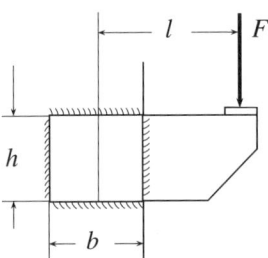

Abb. A5-15

5-16 Für die skizzierte Nietverbindung ist die Abscherspannung im maximal belasteten Querschnitt zu berechnen. Lösung allgemein und für

$F = 15\,\text{kN};\quad b = 100\,\text{mm};\quad d_\text{N} = 13\,\text{mm}.$

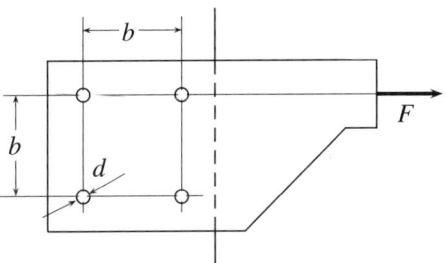

Abb. A5-16

5-17 Für die skizzierte Schraubenverbindung ist die Abscherspannung in der maximal belasteten Schraube zu berechnen. $F = 20\,\text{kN}; \beta = 60°.$

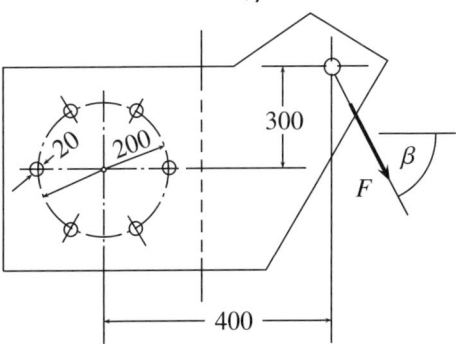

Abb. A5-17

5-18 Eine mehrschnittige Schraub- oder Nietverbindung (s. Abb.) ist mit einem
Moment belastet. In allgemeiner Form ist die Kraft an der am höchsten
belasteten Schraube zu berechnen. Hinweis: Eine Schraube ist umso höher
belastet, je weiter sie vom Mittelpunkt (= Flächenschwerpunkt) der Verbindung entfernt ist (das begründe der Leser). In die Gleichung für F_{max} gehen
deshalb neben dem Moment alle Schraubenabstände vom Mittelpunkt l_i und
der Abstand der am weitesten entfernten Schrauben l_{max} ein.

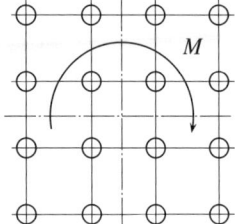

Abb. A 5-18

6 Verdrehung

Verdrehung eines Kreiszylinders (6.2)

Hinweis: In den nachfolgenden Aufgaben sind z.T. Belastungen gegeben, die neben den Torsions- auch Biegespannungen zur Folge haben. Dieser Einfluss kann für kurze Wellen vernachlässigt werden. Das soll hier gelten. Die Überlagerung von Verdrehung und Biegung wird im Kapitel 9 behandelt.

6-1   Eine Welle ist für ein Drehmoment $M_t = 1,0$ kNm für $\tau_{zul} = 50$ N/mm^2 zu dimensionieren. Die Ausführung soll als a) Vollwelle, b) Hohlwelle mit $D = 60$ mm, c) Hohlwelle mit $d = 40$ mm erfolgen.

6-2   Das System besteht aus einem Rohr 1 Zoll und den angeschweißten Hebeln. Für die nachfolgend gegebenen Daten ist die Torsionsspannung im Rohr zu berechnen.

Rohr $D = 33,7$ mm;   Wanddicke $s = 4,05$ mm;
$e = 400$ mm; $F = 750$ N.

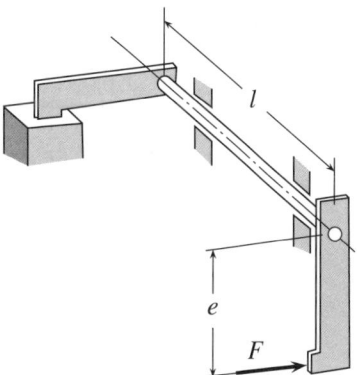

Abb. A 6-2/9/23

6-3   Eine Welle überträgt eine Leistung P bei einer Drehzahl n. Sie soll für eine zulässige Spannung dimensioniert werden a) als Vollwelle, b) als Hohlwelle mit festgelegtem Außendurchmesser D, c) mit festgelegtem Innendurchmesser d. Für einen Gewichtsvergleich sind die auf Wellenlänge bezogenen Wellenmassen zu berechnen. Die Lösung soll allgemein (a und b) und für nachfolgende Werte erfolgen

$P = 200\,\text{kW};\quad n = 1450\,\text{min}^{-1};\quad \tau = 40\,\text{N/mm}^2$
Fall b) $D = 80\,\text{mm};$ Fall c) $d = 35\,\text{mm}.$

6-4   Skizziert ist ein Zahnradgetriebe. Für die nachfolgend gegebenen Daten sind alle Wellendurchmesser und die Umfangskräfte an den Zahnrädern zu berechnen.

$P = 300\,\text{kW};\quad n_1 = 2950\,\text{min}^{-1};\quad \tau_{\text{zul}} = 60\,\text{N/mm}^2;$
Übersetzungsverhältnisse $i_{2/1} = 4{,}0;\quad i_{4/3} = 4{,}5;\quad i_{6/5} = 4{,}8;$
Teilkreisdurchmesser $D_1 = 100\,\text{mm};\quad D_3 = 140\,\text{mm};$
                             $D_5 = 140\,\text{mm}.$

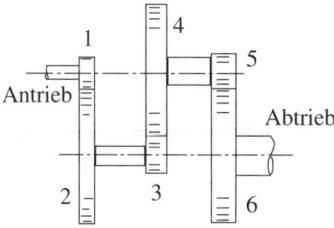

Abb. A 6-4

6-5   Die Abbildung zeigt schematisch ein Zahnradgetriebe, dessen Antrieb an der Welle (1) angreift. Die Leistung wird auf zwei gleiche Wellen verteilt und am Zahnrad (4) wieder vereinigt. Die konstruktive Ausführung gewährleistet eine gleichmäßige Leistungsverteilung auf die beiden Wellen. Für die nachfolgend gegebenen Daten sind alle Wellendurchmesser und Umfangskräfte an den Zahnrädern zu berechnen.

$P = 200\,\text{kW};\quad n = 80\,\text{s}^{-1};\quad \tau_{\text{zul}} = 60\,\text{N/mm}^2;$
Teilkreisdurchmesser $D_1 = 80\,\text{mm};\quad D_2 = 320\,\text{mm};$
                        $D_3 = 80\,\text{mm};\quad D_4 = 320\,\text{mm}.$

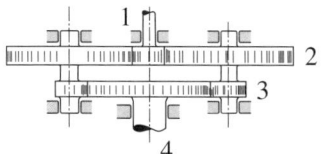

Abb. A 6-5

6-6   In dieser Aufgabe soll der Einfluss einer Innenbohrung in einer Welle auf deren Masse m und Widerstandsmoment W_t untersucht werden. Dazu soll das Verhältnis m_{hohl}/m_{voll} und W_{hohl}/W_{voll} in Abhängigkeit von d/D aufgestellt werden. Diese Abhängigkeit ist in einem Diagramm darzustellen und zu diskutieren.

6-7   In dieser Aufgabe wird folgende Frage untersucht: Wie ändert sich in einer auf Torsion beanspruchten Welle die Spannung τ in Abhängigkeit vom Durchmesser d. Das Drehmoment soll dabei gleich bleiben. Ausgegangen wird von einem Zustand 0, der durch d_0 und τ_0 gegeben ist. In einem Diagramm ist die Funktion $\tau_0/\tau = f(d_0/d)$ darzustellen. Das Diagramm ist zu diskutieren.

Formänderung eines Kreiszylinders (6.2.2)

6-8   Eine Hohlwelle soll für die nachfolgend gegebenen Daten dimensioniert werden. Für auf volle mm gerundete Durchmesser ist die auf die Länge bezogene Verdrehung zu berechnen.

$d/D = 0,70; \quad M_t = 13,0\,\text{kNm}; \quad \tau_{zul} = 50\,\text{N/mm}^2.$

6-9   Die Verlagerung des Lastangriffspunktes im System 6-2 ist für die unten gegebenen Daten zu berechnen. Die Lager sitzen unmittelbar an den biegesteif angenommenen Hebeln.

Rohr $d_a = 33,7\,\text{mm}; \quad s = 4,05\,\text{mm}; \quad e = 400\,\text{mm};$
$l = 1,2\,\text{m}; \quad F = 750\,\text{N}.$

6-10   Skizziert ist ein Verstellmechanismus, der aus einer Welle (Länge l) und einem biegesteif angenommenem Hebel (Länge a) besteht. Die Welle ist so steif auszuführen, dass am Ende des Hebels der Wegfehler Δs infolge des Drehmomentes M_t nicht überschritten wird. Die Spannung ist zu kontrollieren. Lösung allgemein und für

$M_t = 70,0\,\text{Nm}; \quad l = 1,50\,\text{m};$
$a = 300\,\text{mm}; \quad \Delta s = 2,0\,\text{mm};$
$\tau_{zul} = 80\,\text{N/mm}^2.$

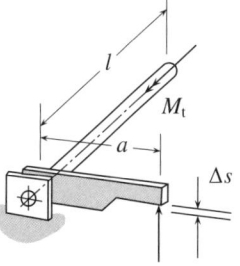

Abb. A 6-10

6-11 Ausgegangen wird von einer abgesetzten Welle nach Skizze, die mit einem Torsionsmoment belastet ist. Zu bestimmen ist der Durchmesser d_e einer Welle gleicher Länge mit gleichem elastischen Verhalten wie die Ausgangswelle. Bei gleichem Moment sollen beide Systeme gleichen Verdrehwinkel aufweisen. Mit einem solchen Ersatzsystem, auch Bildwelle genannt, arbeitet man in der Schwingungstechnik. Für die folgenden Werte soll die allgemeine Lösung ausgewertet werden.

$d_1 = 50\,\text{mm};$ $l_1 = 400\,\text{mm};$ $d_2 = 60\,\text{mm};$
$l_2 = 500\,\text{mm};$ $d_3 = 40\,\text{mm};$ $l_3 = 200\,\text{mm}.$

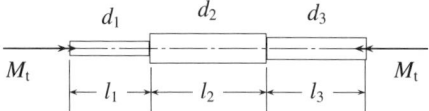

Abb. A6-11/21

6-12 Das skizzierte System ist durch ein elastisch gleichwertiges (s. 6-11) zu ersetzen. Dieses soll aus einer glatten Welle mit dem Durchmesser d_2 ohne Zahnradübersetzung bestehen. Zu bestimmen ist die Länge l_e der Bildwelle. Die allgemeine Lösung ist für die unten gegebenen Daten auszuwerten.

$d_1 = 50\,\text{mm};$ $l_1 = 300\,\text{mm};$ $d_2 = 40\,\text{mm};$ $l_2 = 600\,\text{mm};$
Übersetzung $i = 3{,}0.$

Lösungshinweis: In der Welle (1) wirkt das Moment $M_t \cdot i$. Der durch dieses verursachte Winkel φ_1 wird wegen der Übersetzung vergrößert auf die Welle (2) übertragen $i \cdot \varphi_1$. Hinzu kommt der durch M_t verursachte Winkel φ_2.

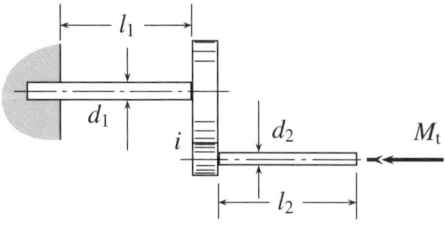

Abb. A6-12/22

6-13   Für das skizzierte System sind in allgemeiner Form die Einspannmomente in A und B und das Verhältnis der Spannungen τ_1/τ_2 zu bestimmen. Die Auswertung soll für die nachstehenden Daten erfolgen.

F = 5,0 kN; D = 600 mm; a = 500 mm;
d_1 = 80 mm; b = 300 mm; d_2 = 60 mm.

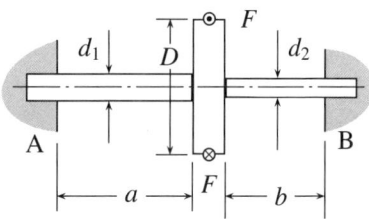

Abb. A 6-13

6-14   Das skizzierte System wird durch das von außen angreifende Moment M_t belastet. Zu bestimmen sind in allgemeiner Form die Einspannmomente in A und B. Die Auswertung soll für $d_1 = d_2$ und Übersetzung $i = 2$ erfolgen.

Lösungshinweis: Geometrische Bedingung ist gleiche Verlagerung in der Eingriffsstelle der Zahnräder für rechtes und linkes System.

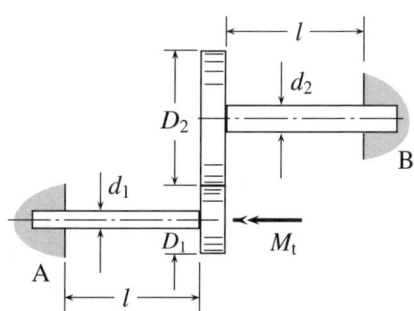

Abb. A 6-14

Verdrehung beliebiger Querschnitte (6.3)

6-15   Die Abbildung zeigt einen Trägerquerschnitt, der durch aneinanderlegen von zwei Profilen U 100 entstanden ist. Im Fall a) sind beide U-Stähle durch zwei Schweißnähte mit jeweils $a = 6\,$mm verbunden. Im Fall b) sind die U-Stähle nicht verbunden. Welches Torsionsmoment kann jeweils für $\tau_{zul} = 80\,$N/mm^2 übertragen werden?

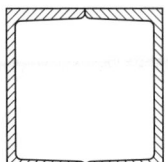

Abb. A 6-15

6-16   Abgebildet ist der Querschnitt eines Trägers, der auf eine Grundplatte mit einer umlaufenden Schweißnaht aufgeschweißt ist und mit einem Torsionsmoment von $M_t = 31,0\,$kNm belastet wird. Für alle Schweißnähte gilt $a = 7\,$mm. Zu berechnen sind

a)   die Spannung in der Umfangsnaht auf der Grundplatte. (Die Nahtdicke a wird in die Anschlussebene = Grundplatte geklappt).

b)   die Spannung in den senkrecht zur Zeichenebene liegenden Schweißnähten. (Satz von den zugeordneten Schubspannungen).

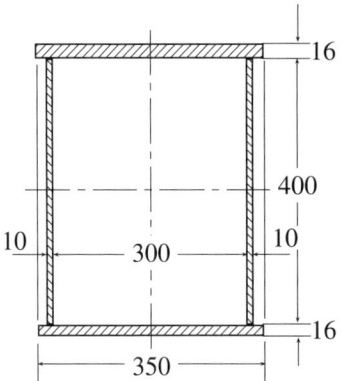

Abb. A 6-16

6-17   Der nach Skizze gekröpfte Träger besteht aus einem Vierkantrohr $120 \times 60 \times 4$. Er ist mit $F = 1{,}0\,\text{kN}$ belastet. Zu bestimmen ist die Verlagerung des Lastangriffspunktes für $l = 1{,}0\,\text{m}$.

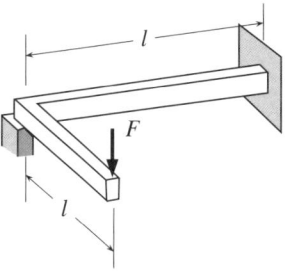

Abb. A 6-17

6-18   Für das abgebildete Profil mit $B = 125\,\text{mm}$ und $a = 5\,\text{mm}$ (Schweißnähte) ist die Schubspannung für ein Moment $M_\text{t} = 10{,}0\,\text{kNm}$ zu bestimmen.

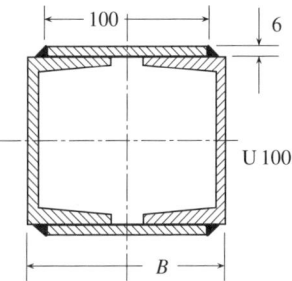

Abb. A 6-18, A 7-2/5/20

6-19   In dieser Aufgabe soll die Belastbarkeit eines Rechteckprofils bei Torsion in Abhängigkeit von den Proportionen untersucht werden. Dazu soll für Profile $h \cdot b = 100\,\text{cm}^2 = \text{konst.}$ das Widerstandsmoment W_t in Abhängigkeit von h/b im Bereich 1 (Quadrat) bis 5 aufgetragen werden. Welche Schlussfolgerung kann gezogen werden?

6-20   Diese Aufgabe schließt an 6-19 an. Hier soll die Torsionssteifigkeit von Rechteckprofilen ermittelt werden. Dazu soll I_t in Abhängigkeit von h/b im Bereich 1 bis 6 für $h \cdot b = 100\,\text{cm}^2 = \text{konst.}$ aufgetragen werden. Um die Gefährlichkeit einer Verwechselung von I_t mit dem polaren Trägheitsmoment I_p zu demonstrieren, ist im gleichen Diagramm auch dieses einzutragen. Die Ergebnisse sind zu diskutieren.

Formänderungsarbeit bei Verdrehung (6.4)

6-21   Ausgegangen wird von der gestuften Welle nach 6-11. Für diese sind zu bestimmen:

a) die Formänderungsarbeit allgemein und für $M_t = 700\,\text{Nm}$,

b) der Verdrehwinkel unter Einwirkung von M_t mit Hilfe des Ergebnisses von a),

c) die Formänderungsarbeit der Bildwelle (Ersatzsystem nach 6-11) für gleiche Belastung. Welche Schlussfolgerung ergibt sich aus dem Ergebnis?

6-22   Für das System nach 6-12 sind allgemein und für die dort gegebenen Daten zu bestimmen:

a) die Formänderungsarbeit ($M_t = 200\,\text{Nm}$),

b) der Verdrehwinkel mit Hilfe des Ergebnisses von a),

c) die Formänderungsarbeit der Bildwelle (Ersatzsystem nach 6-12).

6-23   Das System 6-2 soll durch elastische Deformation eine bewegte Masse m auffangen. Dazu ist der Lastangriffspunkt als Prallplatte ausgebildet. Die Bewegung erfolgt in Richtung der Wirkungslinie von F. Es gelten die geometrischen Daten von 6-2 und 6-9. Für eine zulässige Spannung von $\tau = 60\,\text{N/mm}^2$ im Rohr sind unter Vernachlässigung von Stoßverlusten zu bestimmen:

a) die mögliche Größe der mit $v = 0{,}50\,\text{m/s}$ bewegten Masse,

b) der maximale Auffangweg.

7 Knickung

Schlankheitsgrad und Knickspannung für den Grundfall (7.3)

Hinweis: Das hier behandelte Rechenverfahren gilt im allgemeinen Maschinenbau, wenn eine Nachweispflicht nach DIN 18800 nicht vorgeschrieben ist. Die Lösung der Aufgaben soll für den Werkstoff S 235 erfolgen.

7-1 Zwei U 80-Profile sind so aneinandergelegt und geschweißt, dass ein Kastenquerschnitt entsteht. Für eine Trägerlänge $l = 4,0$ m ist der Schlankheitsgrad λ zu bestimmen.

7-2 Für das Profil 6-18 ist die Breite B so zu bestimmen, dass ein Optimalquerschnitt für die Knickbelastung entsteht. Das Ergebnis ist auf volle 5 mm aufzurunden. Ein Träger mit diesem Profil wird in einer Länge $l = 3,50$ m ausgeführt. Zu berechnen ist der Schlankheitsgrad.

7-3 Ein Träger mit dem Profil nach 4-65 ist $l = 7,0$ m lang. Zu bestimmen ist der Schlankheitsgrad.

7-4 Zwei U 80-Profile sind so aneinandergelegt, dass ein Kastenprofil entsteht. Für die unten gegebenen Daten ist die zulässige Druckbelastung zu bestimmen für

a) Träger miteinander verschweißt,

b) Träger nicht miteinander verbunden.

Trägerlänge $l = 2,0$ m;   Sicherheitszahl $S_K > 3,5$.

7-5 Das Profil 6-18 ist mit $B = 125$ mm ausgeführt. Die Trägerlänge beträgt $l = 3,50$ m. Ist eine Druckbelastung $F = 240$ kN möglich, wenn $S_K > 3,0$ sein soll?

7-6 Zu dimensionieren ist ein auf Knickung beanspruchter Träger HE-B der Länge $l = 3,0$ m für eine Kraft $F = 360$ kN und eine Sicherheitszahl $S_K > 5,0$.

7-7 Eine Druckspindel, $l = 800$ mm lang, mit $F = 20$ kN belastet, soll als Hohlwelle mit $d_i = 25$ mm ausgeführt werden. Für $S_K > 3,5$ ist der Außendurchmesser auf volle mm gerundet zu bestimmen.

7-8   Ein Druckstab (l = 1,20 m; F = 180 kN; S_K > 3,5) ist als Z-Profil zu dimensionieren.

7-9   Ein Druckstab mit dem abgebildeten Winkelprofil hat eine Länge l = 1,30 m. Ist eine Belastung mit F = 50 kN möglich, wenn S_K > 3,5 gefordert ist?

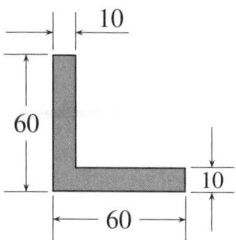

Abb. A 7-9

Schlankheitsgrad und Knickspannung für die Knickfälle

7-10   Für einen Druckstab L 60 × 8; l = 2,30 m ist die zulässige Belastung F zu berechnen. Knickfall 3; Sicherheitszahl S_K > 4,0.

7-11   Ein Kastenträger ist aus zwei U 80-Profilen zusammengeschweißt. Für l = 3,20 m; S_K > 4,0 sind die zulässigen Druckbelastungen für die Knickfälle zu berechnen. Die Wirkung der verschiedenen Lagerungen ist durch Vergleich mit dem Grundfall anschaulich zu machen.

7-12   Zwei HE-B 200-Träger der Länge l = 6,00 m sind nach Skizze angeordnet. Zu bestimmen ist die Knickkraft für alle Knickfälle wenn die Träger a) nicht miteinander verbunden sind, b) wenn sie verschweißt sind.

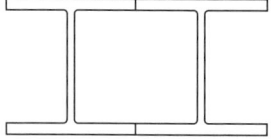

Abb. A 7-10

7-13 Ein Träger I 240 ist nach Skizze unten eingespannt und oben von zwei U-Profilen gehalten, jedoch nicht mit ihnen verbunden. Zu berechnen ist die zulässige Kraft F für $l = 3,50$ m und $S_K > 3,0$.

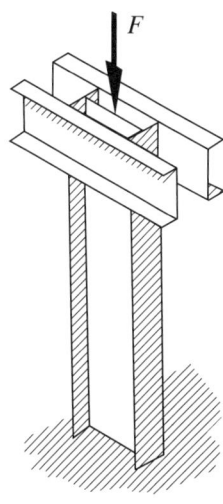

Abb. A 7-13

7-14 Die skizzierte Spindel mit dem Gewinde Tr 20×4 (Kerndurchmesser 15,5 mm) ist mit $F = 4,0$ kN belastet. Auf welche Länge l_{max} darf sie herausgeschraubt werden, wenn $S_K > 3,0$ gefordert ist.

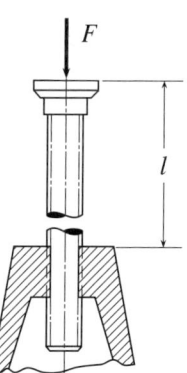

Abb. A 7-14

7-15   Ein Träger mit dem skizzierten Profil ist $l = 3,80\,\text{m}$ lang. Er ist an einem Ende eingespannt, am anderen nicht fixiert. Ist eine Druckbelastung von $F = 500\,\text{kN}$ bei $S_K = 4,5$ möglich?

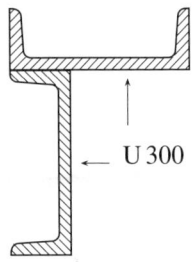

U 300

Abb. A 7-15

7-16   Für eine Stütze mit Rohrquerschnitt ist die zulässige Belastung F in Abhängigkeit von r/s (r Außenradius/s Wanddicke) in einem Diagramm darzustellen.

Metallische Querschnittsfläche $A = \text{konst.} = 20,0\,\text{cm}^2$;

Länge $l = 2,0\,\text{m}$; $S_K = 3,0$;   Bereich $1 < r/s < 5$;   Grundfall.

Das Diagramm ist zu diskutieren.

7-17   Die Masse m einer Stütze mit Rohrquerschnitt ist in Abhängigkeit von r/s (r Außenradius/s Wanddicke) in einem Diagramm darzustellen.

Länge $l = 2,0\,\text{m}$;   Belastung $F = 100\,\text{kN}$; $S_K = 3,0$;
Bereich $1 < r/s < 5$.

Das Diagramm ist zu diskutieren.

8 Der ebene Spannungszustand

Das Hauptachsenproblem; der Mohrsche Spannungskreis (8.2)

8-1 bis 3 Für das abgebildete Element sind die Hauptspannungen und die maximale Schubspannung zu berechnen. Der Mohrsche Spannungskreis ist zu zeichnen.

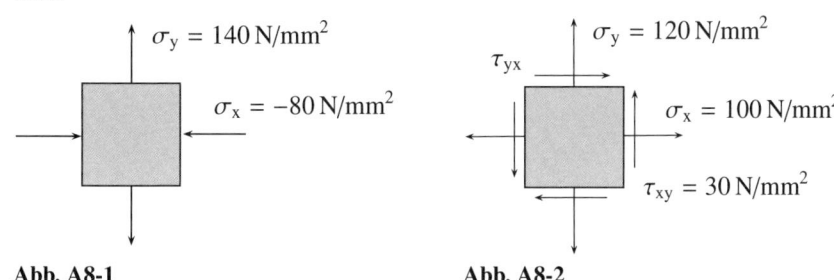

Abb. A8-1   Abb. A8-2

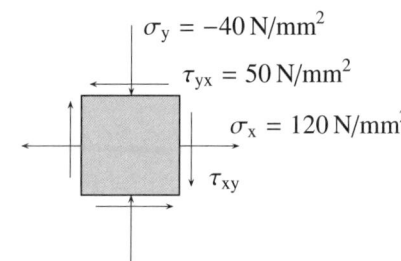

Abb. A8-3

8-4 Für eine Dehnschraube M 24-8.8 sind in einer Schraubentabelle für $\mu = 0{,}08$ folgende Werte gegeben:

Vorspannkraft $F_V = 127\,\text{kN}$;   Anziehmoment $M_A = 340\,\text{Nm}$;
Taillendurchmesser $d_T = 18{,}0\,\text{mm}$;   Schlüsselweite SW = 36 mm.

Zu berechnen sind die maximale Normal- und Schubspannung im Schaft (= Taille) für diesen Montagezustand.

8-5 Ausgegangen wird von einem Biegeträger. Für ein Element in der neutralen Faser ist die Richtung der Hauptspannungen in der x-z-Ebene anzugeben (x = Trägerachse).

8-6   Ein Träger I 200 ist nach Skizze belastet. Für das gekennzeichnete Element sind die Hauptspannungen, deren Richtungen und die max. Schubspannung zu berechnen. Der Mohrsche Kreis ist zu zeichnen.

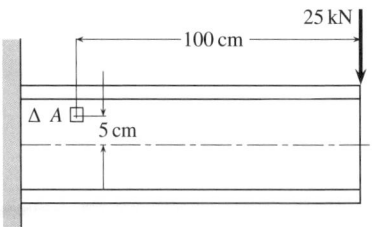

Abb. A8-6

8-7   Die abgebildete Welle ist mit $F_1 = 5{,}0$ kN belastet. Für die maximal belastete Stelle sind die Hauptspannungen, deren Richtungen und die max. Schubspannung zu berechnen. Der Mohrsche Kreis ist zu zeichnen.

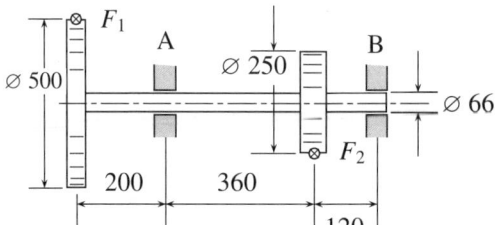

Abb. A8-7
A9-10

8-8   Ein Biegeträger liegt beidseitig auf und ist vertikal nach unten belastet. An der skizzierten Stelle überträgt er ein Biegemoment $M_b = 112{,}5$ kNm und eine Querkraft $F_q = 112{,}5$ kN. Für die oberen und unteren Schweißnähte ($a = 5$ mm) sind die Hauptspannungen, deren Richtungen und die max. Schubspannung zu berechnen. Der Mohrsche Kreis ist zu zeichnen.

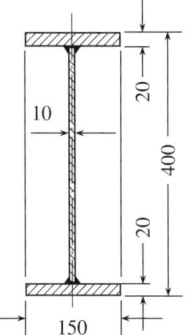

Abb. A8-8

8-9   Ein geschweißter Kastenträger ist nach Skizze belastet. Für die obere
rechte Schweißnaht ($a = 7$ mm) im Abstand $l = 1,0$ m von der Kraftan-
griffsstelle sind die Hauptspannungen deren Richtungen und die max.
Schubspannung zu berechnen. Der MOHRsche Kreis ist zu zeichnen.

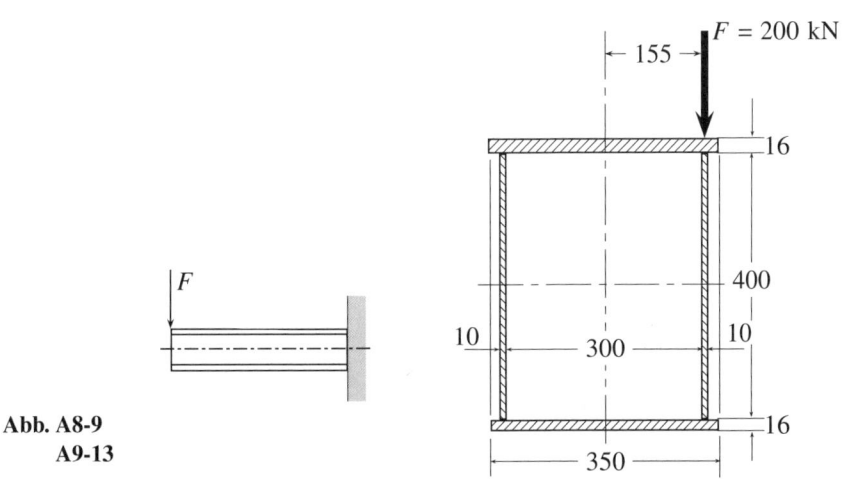

Abb. A8-9
A9-13

8-10   Der zweimal gekröpfte Träger ist nach Skizze aus zwei U 200-Profilen mit
$a = 6$ mm geschweißt. Die Belastung am Ende beträgt $F = 15,0$ kN. Für
die obere Schweißnaht in den Schnitten A und B sind die Hauptspannungen und die max. Schubspannung zu berechnen.

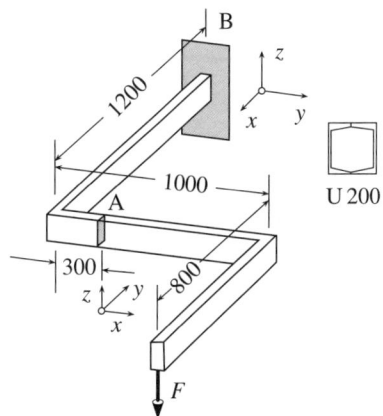

Abb. A8-10
A9-14

8-11   Die Abbildung zeigt das freigemachte Detail einer Rohrleitung. Die Belastung durch Biegung, Verdrehung und Innendruck verursacht folgende Spannungen:

Biegung $\sigma_b = 21{,}7\,\text{N/mm}^2$;   Verdrehung $\tau_t = 12{,}4\,\text{N/mm}^2$;
Druck   Umfangsrichtung $\sigma_t = 40{,}0\,\text{N/mm}^2$;
           Längsrichtung $\sigma_a = 20\,\text{N/mm}^2$.

Für das Element A sind die Hauptspannungen zu berechnen. Der Mohrsche Kreis ist zu zeichnen.

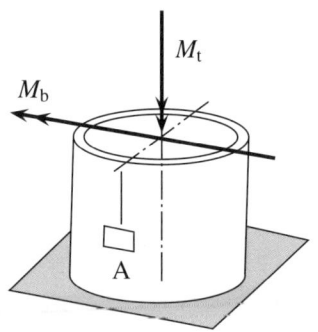

Abb. A 8-11

9 Zusammengesetzte Beanspruchung

Addition von Normalspannungen (9.2)

9-1 Das skizzierte System besteht aus Rohren der Abmessung 2 Zoll (D = 60,3 mm; s = 3,65 mm). Die Länge l beträgt 200 mm und die Kraft ist F = 3,0 kN. Zu bestimmen ist die maximale Spannung. Wie groß ist der Anteil der Zugspannung? (Schlussfolgerung)

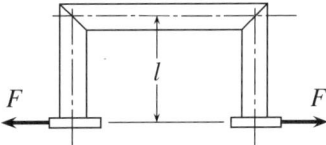

Abb. A 9-1/2

9-2 Das Gebilde Abb. A9-1 soll aus einem Rohr $d = 0,9 \cdot D$ hergestellt werden und für $F = 6,0\,\text{kN}; l = 250\,\text{mm}; \sigma_{\text{zul}} = 80\,\text{N/mm}^2$ dimensioniert werden. Der Außendurchmesser D ist auf volle mm zu runden. Hinweis: Schlussfolgerung von 9-1 beachten.

9-3 Der Träger der skizzierten Vorrichtung soll als I-Profil ausgeführt werden. Für die Dimensionierung gelten die Daten

$$F = 10,0\,\text{kN}; \quad b = 150\,\text{mm}; \quad \sigma_{\text{zul}} = 100\,\text{N/mm}^2.$$

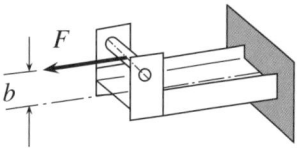

Abb. A 9-3

9-4   Für den nach Skizze geschweißten Träger sind die Spannungen im Schnitt
AA (oben/unten) und unter Voraussetzung gleichmäßiger Spannungsverteilung im Schnitt BB zu berechnen. Die Werte sind zu vergleichen und zu
diskutieren. $F = 100\,\text{kN}$.

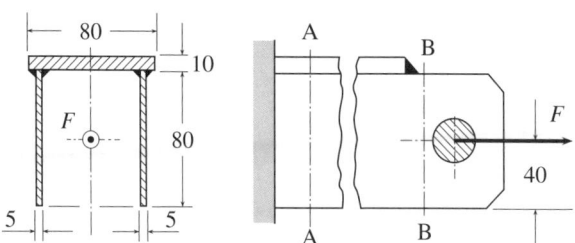

Abb. A 9-4

9-5   In der skizzierten Konsole hat die symmetrische Belastung im senkrechten
Holm Zugspannungen zur Folge. Die Abweichung von der Symmetrie
führt zu zusätzlichen Biegespannungen, deren Einfluss hier untersucht
werden soll. Die Maximalspannung im senkrechten Holm darf bei gestörter
Symmetrie auf den k-fachen Wert steigen. Folgende Fälle sind für diese
Bedingung zu untersuchen:

a)   Um welchen Betrag Δx darf die Kraft F parallel verschoben werden?
b)   Um welchen Betrag ΔF darf bei geometrischer Symmetrie eine Kraft
     größer sein?

Die Lösung soll allgemein und für $k = 2$ und $e = 2a$ erfolgen. Die Ergebnisse sind zu diskutieren.

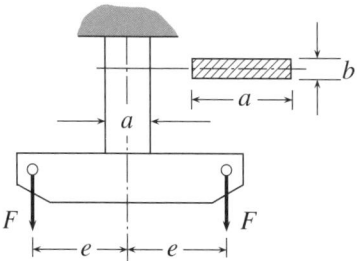

Abb. A 9-5/6

9-6   Die abgebildete Konsole ist symmetrisch belastet. Die bei Abriss einer Last
entstehende maximale Spannung im senkrechten Holm ist zu berechnen.
Um welchen Faktor k hat sie sich gegenüber dem Ausgangszustand geändert? Die Lösung soll allgemein und für $e = 2a$ erfolgen. Das Ergebnis ist
zu diskutieren.

9-7 Die Skizze zeigt das Detail einer Bruchsicherung. Bei Überlastung durch eine Kraft F soll sie sich merklich und bleibend deformieren. Für diese Bedingung ist die Stegbreite b zu bestimmen. Die Lösung soll allgemein und und für die gegebenen Daten erfolgen.

$B = 40\,\text{mm};$ $s = 10\,\text{mm};$ $F = 5,0\,\text{kN};$
$R_\text{e} = 280\,\text{N/mm}^2.$

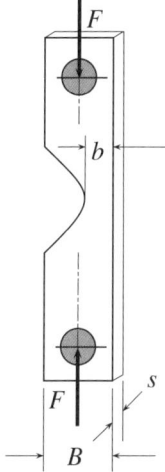

Abb. A 9-7

Zusammensetzung von Normal- und Schubspannungen (9.3)

Hinweis: Wenn nicht abweichend angegeben, gilt gleicher Belastungsfall für Normal- und Schubspannung.

9-8 Skizziert ist der Riemenantrieb einer Welle. Für die unten gegebenen Daten ist der Wellendurchmesser an der Lagerstelle zu bestimmen. Da die Kerbspannungen noch nicht berücksichtigt werden können, ist die Vergleichsspannung niedrig gewählt.

$P = 60\,\text{kW};$ $n = 700\,\text{min}^{-1};$ $S_1/S_2 = 2;$ $\sigma_\text{v} = 50\,\text{N/mm};$

E 295; Torsion Belastungsfall II; Biegung Belastungsfall III.

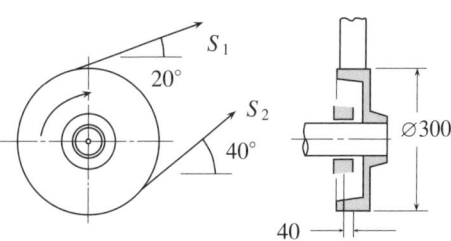

Abb. A 9-8

9-9   Skizziert ist ein Zahnradgetriebe. Für die unten gegebenen Daten sind die Wellendurchmesser an den Stellen der Zahnräder und der Lager von An- und Abtrieb zu berechnen.

$P = 260\,\text{kW};\quad n_1 = 2940\,\text{min}^{-1};\quad \sigma_\text{v} = 60\,\text{N/mm}^2;$

Teilkreisdurchmesser $D_1 = 80\,\text{mm};\quad D_2 = 400\,\text{mm};$

$D_3 = 100\,\text{mm}; D_4 = 450\,\text{mm};$

Geradverzahnung Eingriffswinkel $\alpha = 20°;$

Anstrengungsverhältnis $\alpha_0 = 0{,}7.$

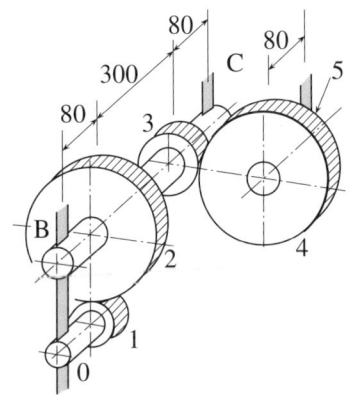

Abb. A 9-9

9-10   Für die Welle 8-7 ist für die maximal belastete Stelle die Vergleichsspannung (Gestaltänderung) zu berechnen.

9-11   Gegeben ist das verstärkte I-Profil nach 4-44. Dieser Querschnitt überträgt ein Biegemoment $M_\text{b} = 150\,\text{kNm}$ und eine Querkraft $F_\text{q} = 180\,\text{kN}$. Für die Schweißnaht ($a = 5\,\text{mm}$) ist die Vergleichsspannung (Hauptspannungshypothese) zu berechnen.

9-12   Das Profil nach 4-33 ist mit $M_\text{b} = 180\,\text{kNm}$ und $F_\text{q} = 100\,\text{kN}$ belastet. Zu bestimmen ist die Vergleichsspannung (Hauptspannungshypothese) für die Schweißnaht.

9-13   Der Kastenträger 8-9 ist nach Skizze exzentrisch belastet. Für die rechten Schweißnähte ($a = 7\,\text{mm}$) an der Einspannstelle ist für $l = 1{,}0\,\text{m}$ die Vergleichsspannung (Hauptspannungshypothese) zu berechnen.

9-14   Der gekröpfte Träger 8-10 ist mit $F = 15{,}0\,\text{kN}$ belastet. Der Kastenträger besteht aus zwei U 200-Profilen, die zusammengeschweißt sind. Für die Schweißnaht ($a = 6\,\text{mm}$) im Schnitt B ist die Vergleichsspannung (Hauptspannungshypothese) zu berechnen.

9-15 Der eingespannte Träger besteht nach Skizze aus einem rechteckigen Stahlrohr DIN 59411 mit den Abmessungen $100 \times 60 \times 4$ (Außenmaße/Wanddicke). Darf die Kraft F im Bereich e außermittig verlagert werden, ohne dass die zulässige Vergleichsspannung nach der Hauptspannungshypothese überschritten wird?

$F = 4{,}0\,\text{kN}; \quad l = 1{,}0\,\text{m}; \quad e = 120\,\text{mm}; \quad \sigma_{\text{zul}} = 140\,\text{N/mm}^2;$
$W_y = 30{,}5\,\text{cm}^3; \quad W_t = 43{,}0\,\text{cm}^3.$

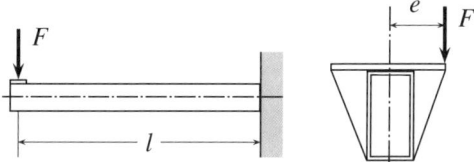

Abb. A 9-15

9-16 Die Abbildung zeigt einen räumlich belasteten Rahmen aus Vierkantrohr mit quadratischem Querschnitt $100 \times 100\,\text{mm}^2$ und der Wanddicke 5 mm. Zu bestimmen sind in den nummerierten Schnitten die Vergleichsspannungen (Gestaltänderungshypothese) an den jeweils am höchsten belasteten Stellen.

$F_x = 0{,}80\,\text{kN}; \quad F_y = 1{,}20\,\text{kN}; \quad F_z = 0{,}70\,\text{kN};$
$a = 1{,}50\,\text{m}; \quad b = 1{,}0\,\text{m}; \quad c = 2{,}0\,\text{m}; \quad d = 4{,}0\,\text{m}.$

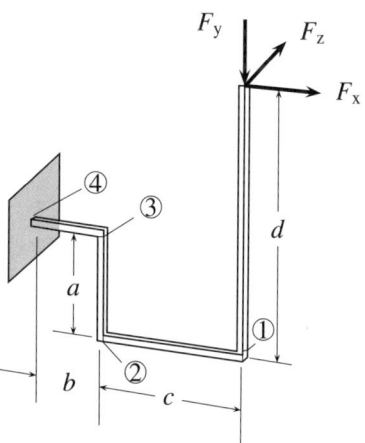

Abb. A 9-16

9-17　Die Skizze zeigt das Detail einer freigemachten Rohrleitung, die drucklos ist. Zu bestimmen ist die Vergleichsspannung (Gestaltänderungshypothese) für die drei Stränge.

Rohr Innendurchmesser $d = 300$ mm;　　Wanddicke $s = 8{,}0$ mm;

$M_x = 18{,}0$ kNm;　　$M_z = 25{,}0$ kNm

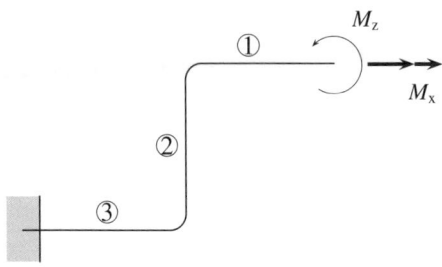

Abb. A 9-17

9-18　Skizziert ist ein freigemachtes Teilstück einer drucklosen Rohrleitung. Zu bestimmen ist die Vergleichsspannung (Gestaltänderungshypothese) in den nummerierten Querschnitten.

Rohr Innendurchmesser $d = 160$ mm;　　Wanddicke $s = 6{,}0$ mm;

$a = 0{,}50$ m;　　$b = 2{,}50$ m;　　$c = 2{,}0$ m;　　$e = 3{,}0$ m;

$F_x = 1{,}0$ kN;　　$F_y = 0{,}80$ kN;　　$F_z = 0{,}50$ kN.

Hinweis: Analoge Aufgaben für Rohre unter Innendruck sind im Abschnitt 12.4 enthalten.

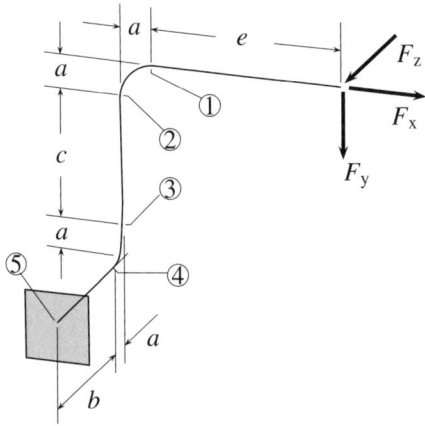

Abb. A 9-18

9-19 Die Montagevorspannkraft von hochfesten Schrauben soll beim Anzug den Werkstoff bis 90 % von der $R_{p0,2}$-Grenze ausnutzen. Für diese Vorgabe sollen nach der Gestaltänderungshypothese die Vorspannkraft F_v und das Anziehmoment M_A für eine Schraube M 12-8.8 berechnet werden.

$R_{p0,2} = 640\,\text{N/mm}^2$;   Spannungsquerschnitt $A_{sp} = 84{,}3\,\text{mm}^2$;
Reibung Gewinde und Mutter $\mu = 0{,}1$;
Gewindesteigung $\alpha = 2{,}94°$;   Schlüsselweite SW = 18 mm.

9-20 Die Aufgabe 8-4 soll hier fortgesetzt werden. Für den Zustand „maximaler Anzug" ist die Vergleichsspannung im Schaft nach der Gestaltänderungshypothese zu berechnen. Wieviel Prozent von der $R_{p0,2}$-Grenze beträgt dieser Wert?

10 Rechnerischer Festigkeitsnachweis

10-1   Der nach Skizze gekerbte Flachstab 90×4 aus S 235 ist statisch mit $F = 12{,}0\,\text{kN}$ belastet. Es ist die maximale Zugspannung zu berechnen.

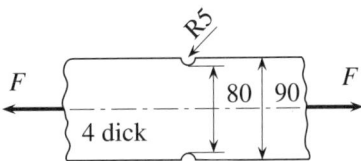

Abb. A 10-1

10-2   Der skizzierte Wellenabschnitt (Werkstoff E 360) ist mit einem konstanten Torsionsmoment $M_t = 2{,}50\,\text{kNm}$ belastet. Für die Werte $D = 80\,\text{mm}$; $d = 60\,\text{mm}$; $r = 5\,\text{mm}$ ist die maximale Torsionsspannung zu berechnen.

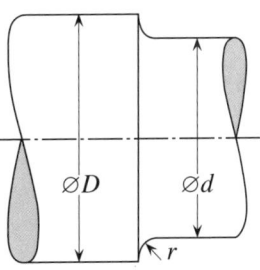

Abb. A 10-2/4/6

10-3   Der gekerbte Rundstab (Skizze) aus E 295, Maße $D = 40\,\text{mm}$; $d = 32\,\text{mm}$; $r = 2\,\text{mm}$, geschlichtet mit einer Oberflächenrauheit $R_Z = 50\,\mu\text{m}$ (der Faktor für die Randschichtverfestigung wird mit $K_V = 1$ festgelegt) soll eine wechselnde Zug-Druckbelastung von $F = 30\,\text{kN}$ aufnehmen.

Für den Werkstoff sind die folgenden Kennwerte festgelegt:

$$R_m = 490\,\text{N/mm}^2; \qquad R_e = 295\,\text{N/mm}^2; \qquad \sigma_{zdW} = 220\,\text{N/mm}^2.$$

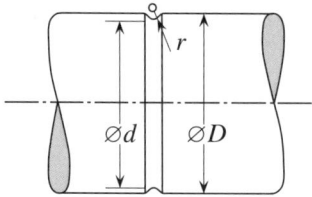

Abb. A 10-3/5/7

Es ist zu untersuchen, ob die Belastung bei einer geforderten Sicherheit gegen Dauerbruch von $S_D = 1{,}5$ ertragen wird.

10-4   Der nach Abb. A10-2 skizzierte Abschnitt der abgesetzten Welle mit den Maßen $D = 96\,\mathrm{mm}$; $d = 80\,\mathrm{mm}$; $r = 4\,\mathrm{mm}$ ist geschliffen ($R_Z = 6{,}3\,\mu\mathrm{m}$; $K_V = 1$). Der Wellenwerkstoff ist 25 CrMo 4 (vergütet). Die Welle ist an der Nut durch ein Biegemoment von $M_b = 3800\,\mathrm{Nm}$ auf Umlaufbiegung belastet.

Die Bauteilkennwerte, nach FKM-Richtlinie festgelegt, betragen:

$$R_m = 645\,\mathrm{N/mm^2}; \qquad R_e = 390\,\mathrm{N/mm^2}; \qquad \sigma_{bW} = 290\,\mathrm{N/mm^2}.$$

Es ist der Dauerfestigkeitsnachweis mit $S_{Dgef} = 1{,}35$ zu führen.

10-5   Ein gekerbter Rundstab nach Abb. A10-3 ist mit den Abmessungen $D = 72\,\mathrm{mm}$; $d = 66\,\mathrm{mm}$; $r = 3\,\mathrm{mm}$ gegeben. Die Rautiefe der geschlichteten, nicht verfestigten Oberfläche beträgt $R_Z = 25\,\mu\mathrm{m}$. Das Bauteil unterliegt einer schwingenden Belastung durch eine axiale Zugkraft. Dem statischen Anteil dieser Kraft $F_{stat} = 240\,\mathrm{kN}$ ist ein wechselnder Anteil $F_{dyn} = 180\,\mathrm{kN}$ überlagert. Für den verwendeten Wellenwerkstoff E 335 gilt das in Abb. A10-5a dargestellte Dauerfestigkeitsschaubild aus Versuchswerten.

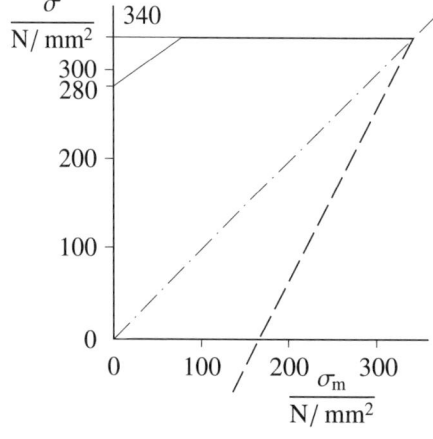

Abb. A 10-5a

Es sind ein statischer Nachweis sowie ein Dauerfestigkeitsnachweis unter der Annahme hoher Schadensfolgen bei hoher Wahrscheinlichkeit des Auftretens der Spannungskombination und der Voraussetzung regelmäßiger Inspektionsintervalle zu führen (Tabelle 5).

10-6 Der nach Abb. A10-2 skizzierte Abschnitt der abgesetzten Achse hat die Maße $D = 52\,\text{mm}$; $d = 40\,\text{mm}$; $r = 2\,\text{mm}$. Die gedrehte Oberfläche (geschlichtet) hat die Rautiefe $R_Z = 12{,}5\,\mu\text{m}$. Die Oberfläche ist nicht verfestigt ($K_V = 1$). Der Werkstoff ist C 45E (vergütet).

Für die Formzahlen bei Schubbeanspruchungen liegen die folgenden Werte vor: $\alpha_{Ks} = 2{,}2$ (für $r = 2\,\text{mm}$) und $\alpha_{Ks} = 2{,}0$ (für $r = 3\,\text{mm}$).

Die Achse wird auf Umlaufbiegung mit $\sigma_{bW} = 68\,\text{N/mm}^2$ beansprucht; die dabei auftretende Querkraftschubbeanspruchung beträgt $\tau_{sW} = 45\,\text{N/mm}^2$.

Die Bauteilkennwerte, nach FKM-Richtlinie festgelegt, betragen:

$R_m = 620\,\text{N/mm}^2$; $R_e = 355\,\text{N/mm}^2$; $\sigma_{bF} = 508\,\text{N/mm}^2$;
$\tau_{sF} = 254\,\text{N/mm}^2$; $\sigma_{bW} = 279\,\text{N/mm}^2$; $\tau_{sW} = 162\,\text{N/mm}^2$.

Es sind der statische und der dynamische Festigkeitsnachweis zu führen. Der statische Festigkeitsnachweis ist mit Berücksichtigung der statischen Tragreserve zu führen. Die Mindestsicherheiten sind nach den Kriterien „bei Havarie geringe Schadensfolgen, regelmäßige Inspektionen" (Tabelle 5) festzulegen.

In einer zusätzlichen Rechnung ist zu überprüfen um wieviel (in Prozent) sich die Sicherheit gegen Dauerbruch erhöht, wenn der Rundungsradius des Absatzes auf $r = 3\,\text{mm}$ erhöht wird.

10-7 Der nach Abb. A10-3 skizzierte Wellenabschnitt hat die Maße $D = 78\,\text{mm}$; $d = 70\,\text{mm}$; $r = 2{,}5\,\text{mm}$. Die Rautiefe der geschliffenen Oberfläche beträgt $R_Z = 3{,}2\,\mu\text{m}$. Der Werkstoff ist 16 MnCr 5, oberflächengehärtet ($K_V = 1{,}5$). Der Abschnitt ist mit einer statischen Druckkraft $F_d = 75\,\text{kN}$, einem wechselnden Biegemoment $M_b = 2{,}3\,\text{kNm}$ und einem konstanten Torsionsmoment $M_t = 3{,}0\,\text{kNm}$ belastet.

Die Bauteilkennwerte, nach FKM-Richtlinie festgelegt, betragen:

$R_m = 516\,\text{N/mm}^2$; $R_e = 361\,\text{N/mm}^2$; $\sigma_{bF} = 510\,\text{N/mm}^2$;
$\tau_{tF} = 206\,\text{N/mm}^2$; $\sigma_{bW} = 206\,\text{N/mm}^2$; $\tau_{tW} = 120\,\text{N/mm}^2$.

Es sind der statische (ohne Berücksichtigung der statischen Tragreserve) und der dynamische Festigkeitsnachweis zu führen. Die geforderten Mindestsicherheiten betragen $S_F = 1{,}5$; $S_D = 1{,}35$.

11 Die statisch unbestimmten Systeme

Auf Zug (Druck) statisch unbestimmt beanspruchte Systeme (11.3)

11-1 Die Abbildung zeigt die Aufhängung einer homogenen, starren Masse m an drei Stäben. Der mittlere Stab ist um s zu kurz gefertigt, sonst sind die Stäbe gleich. Zu bestimmen sind in allgemeiner Form und für die gegebenen Daten die Stabkräfte und die Verlängerungen. Die Ergebnisse sind zu diskutieren.

$l = 1{,}0\,\text{m}; \quad A = 10{,}0\,\text{mm}^2; \quad s = 0{,}50\,\text{mm}; \quad a = b; \quad m = 300\,\text{kg}.$

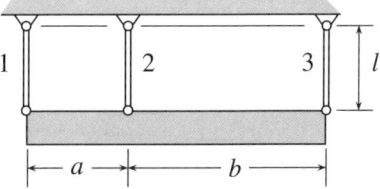

Abb. A 11-1/2

11-2 Skizziert ist die Aufhängung einer homogenen, starren Masse m an drei gleichen Stäben. Für die unten gegebenen Daten sind die Stabkräfte und die Verlängerungen zu bestimmen. (Hinweis: Wegen der Unsymmetrie stellt sich eine Schieflage ein.)

$l = 2{,}0\,\text{m}; \quad A = 10{,}0\,\text{mm}^2; \quad a = 1{,}5\,\text{m}; \quad b = 2a; \quad m \cdot g = 5{,}0\,\text{kN}.$

11-3 Eine homogene, starre Masse m ist nach Skizze aufgehängt. Das System ist symmetrisch. Alle Seile sollen gleich belastet sein. Für diese Bedingung sind der Winkel β und die Seilkraft zu bestimmen. Lösung allgemein und für $l_2 = 1{,}50 \cdot l_1$ und $m \cdot g = 5{,}0\,\text{kN}$.

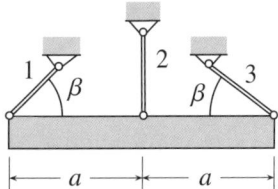

Abb. A 11-3

11-4   Eine homogene, starre Masse m ist nach Skizze an zwei Seilen aufgehängt und in D gelenkig gelagert. Das Seil 2 soll so lang ausgeführt werden, dass beide Seile gleich belastet sind. Für diese Bedingung sind der Abstand B-C, die Seilkraft und die Gelenkkraft in D zu bestimmen. Lösung allgemein und für

$$l_1 = 1{,}0\,\text{m}; \quad a = 2{,}0\,\text{m}; \quad m \cdot g = 80\,\text{kN}.$$

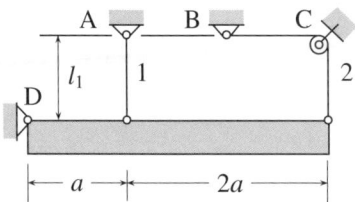

Abb. A 11-4

11-5   An dem skizzierten System soll die Kraft F den Spalt e schließen und auf die Hülse 4 eine vorgegebene Kraft F_4 ausüben. Der Flansch und die Begrenzungen A und B sind starr. Das System soll über die Messung der Verlagerung des rechten Bundes kontrolliert werden. Allgemein und für die unten gegebenen Daten sind die Kraft F und die Verlagerung des Bundes s zu bestimmen.

Bauteil	1	2	3	4	
d/mm	40,0	30,0	35,0	50/40	$e = 0{,}20\,\text{mm}; \quad F_4 = 35\,\text{kN}.$
l/mm	300	200	400	250	

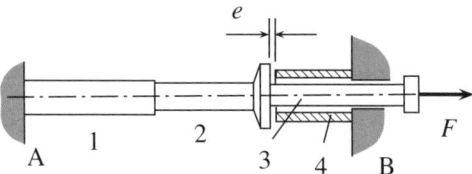

Abb. A 11-5

Der statisch unbestimmte Biegeträger (11.4)

Hinweis: Für alle Träger gilt EI = konst.

11-6 bis 9 Für das skizzierte System sind alle Auflagerkräfte zu berechnen. Das Biegemomentendiagramm ist zu zeichnen.

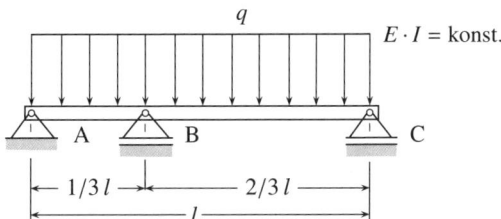

Abb. A 11-6/11

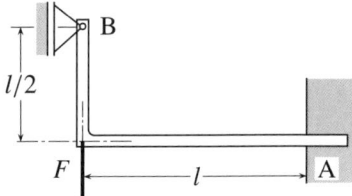

Abb. A 11-7

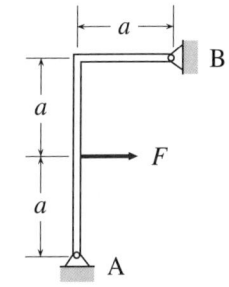

Abb. A 11-8

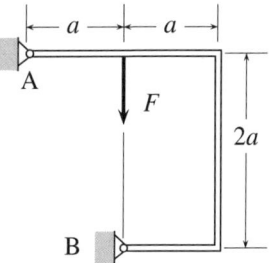

Abb. A 11-9

11-10   Der nach Skizze eingespannte Träger liegt am Ende auf einer um den Betrag *s* zu tief montierten Stütze auf. Zu bestimmen sind die Auflagerkräfte allgemein und für die unten gegebenen Daten. Um wieviel Prozent wird der Träger durch die fehlerhafte Lagerung überlastet?

Träger I 240; $F = 20{,}0\,$kN; $a = 2{,}0\,$m; $s = 5{,}0\,$mm.

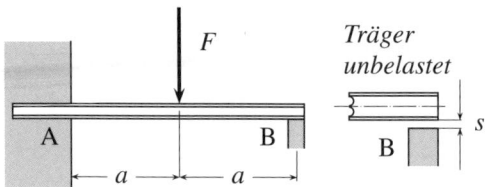

Abb. A 11-10

11-11   Das mittlere Lager des Trägers 11-6 ist um w_B zu tief montiert. Für diesen Zustand sind die Auflagerkräfte zu berechnen. Um wieviel Prozent ändert sich die maximale Spannung gegenüber der bei exakter Lagerung für

$l = 12{,}0\,$m; $q = 100\,$kNm;
Träger: $I = 3{,}24 \cdot 10^5\,$cm^4;   W $= 9{,}85 \cdot 10^3\,$cm^3; $w_B = 15\,$mm.

11-12   Ein Träger ist nach Skizze auf der einen Seite eingespannt und auf der anderen Seite mittig auf einem Querträger gelagert. In allgemeiner Form sind die Kraft und Deformation in B und die Biegemomente zu bestimmen. Die Gleichungen sind für die nachfolgend gegebenen Daten auszuwerten.

Streckenlast $q = 25\,$kN/m;   Hauptträger I 400 $l = 4{,}0\,$m;
Querträger I 160 $l = 3{,}0\,$m.

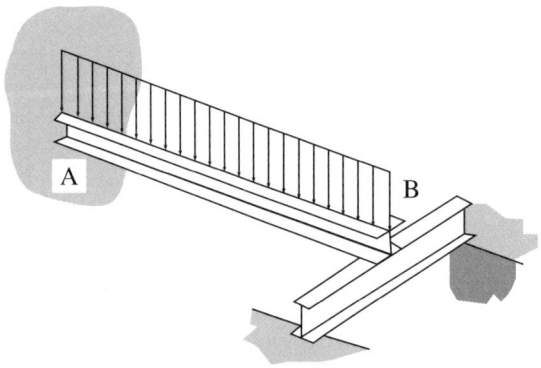

Abb. A 11-12

11-13   Für die abgesetzte, dreifach gelagerte Welle nach Skizze sind die Auflager-
reaktionen, die Biegemomente und die elastische Linie zu bestimmen. Die
Lösung soll nach FÖPPL erfolgen.

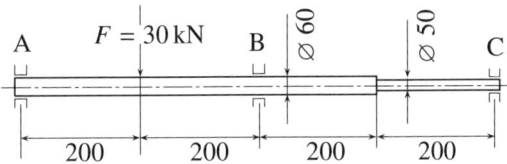

Abb. A 11-13

12 Verschiedene Anwendungen

Wärmespannungen (12.2)

12-1   Eine Welle wird im Laufbereich einer Dichtung bei Raumtemperatur verchromt. Dieser Teil unterliegt einer schwankenden Betriebstemperatur Δt. Es ist eine Gleichung für die Berechnung der entstehenden Zugspannung in der Chromschicht aufzustellen und für $\Delta t = 100\,°C$ auszuwerten.

Chrom: $\alpha = 6{,}2 \cdot 10^{-6}\,K^{-1}$; $E = 1{,}9 \cdot 10^{5}\,N/mm^{2}$.

12-2   Ein dünnwandiger Stahlring (Untermaß Δd) soll auf eine Welle (Durchmesser d) aufgeschrumpft werden. Zu bestimmen sind die notwendige Temperaturerhöhung Δt für spielfreies Aufziehen des Rings und die Spannung im Ring nach dem Temperaturausgleich. Die Lösung soll allgemein und für $\Delta d = 0{,}080\,mm$; $d = 100\,mm$ erfolgen.

12-3   In dieser Aufgabe soll die Spannung abgeschätzt werden, die z.B. in den Bahnschienen bei Erwärmung/Abkühlung um Δt entsteht. Es wird vorausgesetzt, dass bei einer Erwärmung die Schienen nicht seitlich ausweichen. Lösung allgemein und für $\Delta t = 50\,K$.

12-4   Zwei Stäbe aus verschiedenen Werkstoffen sind fest miteinander verbunden. Die Montage erfolgt bei der Temperatur t_0. Danach wird der Verband mit der Kraft F belastet und anschließend um Δt erwärmt. Zu bestimmen sind allgemein die Spannungen in beiden Stäben im kalten Zustand und nach der Erwärmung. Die Auswertung soll für nachfolgende Daten erfolgen.

$A_1 = A_2 = 1{,}0\,cm^{2}$; $F = 12{,}0\,kN$; $\Delta t = 100\,K$;
Stab 1: Stahl;   Stab 2: Kupfer.

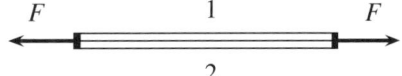

Abb. A 12-4

12-5   Das System besteht aus zwei Stäben, die auf gegenüberliegenden Seiten eingespannt sind und nach Skizze einen Spalt bilden. Die Werkstoffe sind verschieden. Zu bestimmen sind die Spannungen in den Stäben ($A_1 = A_2$) bei Erwärmung um Δt. Vorausgesetzt wird, dass die Begrenzungen starr sind und die Stäbe nicht seitlich ausweichen. Lösung allgemein und für

$l = 0{,}50\,\text{m}$; $A = 20{,}0\,\text{cm}^2$; $e = 0{,}50\,\text{mm}$; $\Delta t = 60\,\text{K}$;
Stab 1: Stahl;   Stab 2: Kupfer.

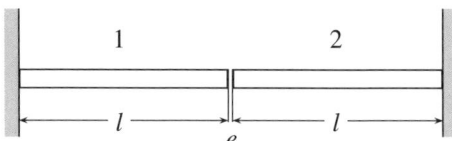

Abb. A 12-5

Umlaufende Bauteile (12.3)

12-6   Zu berechnen ist die Zugspannung im Innenschnitt einer Turbinenschaufel. Diese hat eine über die Länge konstante Querschnittsfläche.

Schaufellänge $l = 45\,\text{mm}$;   Querschnittsfläche $A = 1{,}30\,\text{cm}^2$;
mittlerer Raddurchmesser $d = 1100\,\text{mm}$;
Turbinendrehzahl $n = 3000\,\text{min}^{-1}$.

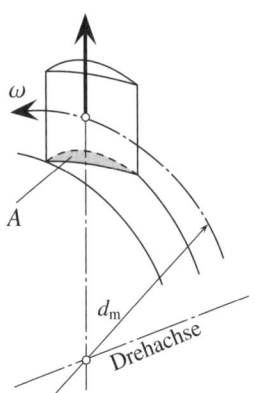

Abb. A 12-6

12-7 Für eine ungelochte Stahlscheibe gleicher Dicke ist für eine vorgegebene zulässige Spannung die maximale Drehzahl nach der Hauptspannungshypothese zu berechnen. Lösung allgemein und für

$$d = 600\,\text{mm}; \quad \sigma_{\text{zul}} = 100\,\text{N/mm}^2.$$

12-8 Wie 12-7, jedoch Scheibe mit kleiner Bohrung im Zentrum.

Zylinder und Kugel unter Innendruck (12.4)

12-9 Ein Rohr ist nach Skizze schräg zusammengeschweißt. Für die Schweißnaht an der Stelle A sind die Vergleichsspannungen nach der Hauptspannungs- und der Gestaltänderungshypothese zu berechnen. Ein Teilelement der Schweißnaht ist zu skizzieren und die Spannungen sind einzutragen.

Rohr mittlerer Durchmesser $\quad d = 100\,\text{mm}$;
Wanddicke $s = 3{,}0\,\text{mm}$; $\qquad$ Druck $p = 30\,\text{bar}$; $\quad \beta = 40°$.

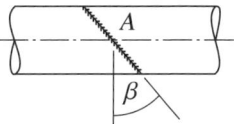

Abb. A 12-9

12-10 Abgebildet ist ein freigemachter Rohrbogen, der unter Druck steht. Das Teilelement A ist mit den wirkenden Spannungen zu zeichnen. Zu bestimmen ist die Vergleichsspannung nach der Gestaltänderungshypothese.

Rohr $d_i = 500\,\text{mm}$; $\qquad s = 12{,}0\,\text{mm}$; $\quad$ Druck $p = 38\,\text{bar}$;
$r = 4{,}0\,\text{m}$; $\qquad F_1 = 12{,}0\,\text{kN}$; $\quad F_2 = 15{,}0\,\text{kN}$; $\quad M = 30{,}0\,\text{kNm}$.

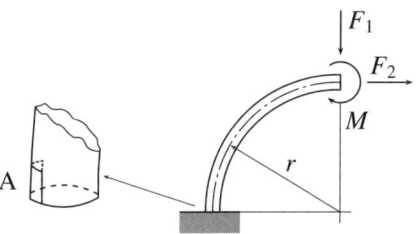

Abb. A 12-10

12-11   Die Skizze zeigt einen freigemachten Rohrbogen, der unter Druck steht. Zu bestimmen ist die Hauptspannung in den Teilelementen 1 und 2.

Rohr $d_i = 300\,\text{mm}$; $s = 10{,}0\,\text{mm}$; $p = 50\,\text{bar}$;
$M_x = 30{,}0\,\text{kNm}$; $M_y = 35{,}0\,\text{kNm}$; $M_z = 40\,\text{kNm}$.

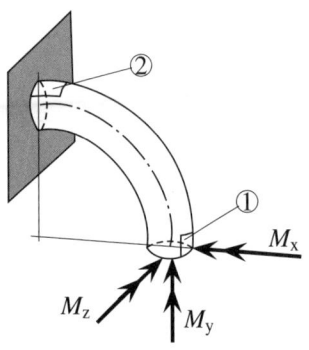

Abb. A 12-11

12-12   Die Abbildung zeigt das Detail einer Rohrleitung unter Innendruck. Zu berechnen ist die Vergleichsspannung (Gestaltänderungshypothese) in der Einspannstelle. Ein Teilelement ist mit eingetragenen Spannungen zu zeichnen.

Rohr $d_i = 200\,\text{mm}$; $s = 5{,}0\,\text{mm}$; $p = 20{,}0\,\text{bar}$;
$a = 3{,}0\,\text{m}$; $b = 4{,}0\,\text{m}$; $F_1 = 1{,}0\,\text{kN}$; $F_2 = 0{,}6\,\text{kN}$.

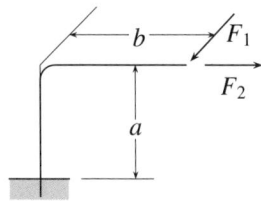

Abb. A 12-12

12-13   Ein Ring mit den Abmessungen $D = 130\,\text{mm}$; $d = 120\,\text{mm}$; $b = 15\,\text{mm}$ wird mit einem Untermaß $\Delta d = 0{,}050\,\text{mm}$ aufgeschrumpft. Welches Moment kann dieser Ring bei einem Reibungsbeiwert Welle/Ring $\mu = 0{,}1$ übertragen?

Lösungen

Die in den Lösungsansätzen angegebenen Gleichungsnummern beziehen sich auf das Lehrbuch Technische Mechanik, Band 2, von den gleichen Verfassern.

Lösungen zu Kapitel 2

2-1 Die Spannung ist ein Maß für die Belastungsintensität im Werkstoff. Sie kann sich von Punkt zu Punkt ändern. Für ein beliebig kleines Flächenelement ist die Spannung der Quotient aus Kraft und Fläche und damit eine „Kraftdichte".

2-2 Normal- und Schubspannungen.

2-3 $$\text{Dehnung} = \frac{\text{Verlängerung}}{\text{Ausgangslänge}}$$

$$\text{Bruchdehnung} = \frac{\text{Verlängerung des gebrochenen Stabes}}{\text{Ausgangslänge}}$$

Streckgrenze = Spannung im Zugstab bei einsetzendem Fließen des Werkstoffes

$$\text{Zugfestigkeit} = \frac{\text{maximale Kraft im Zerreißversuch}}{\text{Ausgangsquerschnittsfläche}}$$

2-4 Normalspannung ist proportional zur Dehnung
Schubspannung ist proportional zur Winkeländerung

$$\sigma = E \cdot \varepsilon; \quad \tau = G \cdot \gamma \quad \text{(HOOKEsche Gerade)}$$

E-Modul: Maß für Starrheit des Werkstoffes bei Längenänderung,
G-Modul: Maß für Starrheit des Werkstoffes bei Winkeländerung.

2-5 Die eingeschlossene Fläche entspricht der bei der Zerstörung des Stabes aufgewendeten Arbeit. Diese kann bei Stählen hoher Festigkeit kleiner sein als bei weichen Stählen, da das Zerreißen praktisch ohne vorherige plastische Deformation erfolgt.

2-6 Weil die plastische Deformation eines zähen Werkstoffes sich fast ausschließlich auf den Bereich der Einschnürung konzentriert. Damit ist die Dehnung nicht gleichmäßig über die Stablänge verteilt.

2-7 elastisch: Werkstück nimmt nach Entlastung Ausgangsform an.

plastisch: Werkstück bleibt nach Entlastung deformiert.

zäh: Große Energie zur Zerstörung notwendig, d.h. starke plastische Deformation und damit große Bruchdehnung.

spröde: Geringe Energie zur Zerstörung notwendig, auch wenn die Zugfestigkeit groß ist, d.h. keine plastische Deformation und damit geringe Bruchdehnung.

2-8 Schlagartige Belastung, tiefe Temperaturen.

2-9 ruhend: Belastung = konstant.

schwellend: Belastung schwankt zwischen Null und einem Maximalwert.

wechselnd: Belastung schwankt zwischen positivem und negativem Maximalwert.

2-10 Ein Dauerbruch entsteht bei Zerrüttung des Werkstoffgefüges durch schwingende Belastung. Die Gefügekörner lösen sich dabei voneinander ohne plastische Deformation. Dieser Vorgang erfolgt schrittweise (Rastlinien) bis bei einer kritischen Querschnittsverminderung der Gewaltbruch einsetzt.

Ein Gewaltbruch erfolgt durch einmalige Überlastung oder bei wenigen Lastspielen, wobei bei zähen Werkstoffen eine plastische Deformation vorangeht.

2-11 Dauerfestigkeit ist der Oberbegriff (nicht zu verwechseln mit Dauerstandfestigkeit).

Wechselfestigkeit = Dauerfestigkeit für Belastungsfall III.
Schwellfestigkeit = Dauerfestigkeit für Belastungsfall II.

2-12 An Stellen mit schroffen Querschnittsveränderungen erfolgt eine Konzentration der Kraftübertragung im Werkstoff. Die Zunahme der „Kraftdichte" ergibt eine höhere Belastung der Gefügeteile und damit eine Spannungserhöhung.

2-13 Kerbempfindlich sind im allgemeinen spröde Werkstoffe, bei denen sich bei der Zerstörung die volle Spannungsspitze auswirkt.

Weniger kerbempfindlich sind zähe Werkstoffe, bei denen Spannungsspitzen durch lokales Fließen abgebaut werden können.

2-14 $$\text{Sicherheit} = \frac{\text{Grenzspannung}}{\text{vorhandene Spannung}}$$

Bei ruhender Belastung soll nicht nur Bruch sondern auch bleibende Deformation verhindert werden, deshalb ist es sinnvoll für spröde Werkstoffe die 0,2-Dehngrenze, für zähe die Streck- bzw. E-Grenze als Grenzspannung zu wählen. Für die schwingende Belastung nimmt man die Dauerfestigkeit als Grenzspannung.

2-15 Genauigkeit des Rechenverfahrens, (Berücksichtigung der Kerbwirkung, Oberflächenbeschaffenheit, Größe des Bauteils), Genauigkeit der Herstellung des Bauteils,

Mögliche Abweichung von den angenommenen Lasten,

Überlastung,

Folgen beim Bruch eines Bauteils.

Lösungen zu Kapitel 3

3-1 $d = \sqrt{\dfrac{4b \cdot F}{\pi(c - b) \cdot R_\mathrm{m}}} = 6{,}18\,\mathrm{mm}$

3-2 Reißlänge $l = \dfrac{R_\mathrm{m}}{\rho \cdot g}$

E 360 $l = 9{,}09\,\mathrm{km}$;   Dural $l = 13{,}1\,\mathrm{km}$

Die Reißlänge ist ein Maß für die Verwendbarkeit eines Werkstoffes im Leichtbau.

3-3 Untere Nietreihe, Mittelblech $\sigma = 167\,\mathrm{N/mm^2}$

3-4 Gelenkkraft $F_\mathrm{G} = 68\,\mathrm{kN}$; $\sigma = 122\,\mathrm{N/mm^2}$

3-5 $d_\mathrm{erf} = \sqrt{\dfrac{2 \cdot F}{\pi \cdot \sigma_\mathrm{zul}}} = 23{,}4\,\mathrm{mm}$

3-6 U 160 $F_\mathrm{B} = 616\,\mathrm{kN}$

3-7 U 100 $F_\mathrm{A} = 344{,}7\,\mathrm{kN}$

3-8 Hauptseil $S = 39{,}24\,\mathrm{kN}$;   Windenseil $S_\mathrm{W} = \dfrac{S}{7}$

$\sigma = 250\,\mathrm{N/mm^2}$ $\sigma = 143\,\mathrm{N/mm^2}$

3-9 Ansatz $A = (d + a)\pi \cdot a = F/\sigma_\mathrm{zul}$;

$$a = -\frac{d}{2} + \sqrt{\frac{d^2}{4} + \frac{F}{\sigma_\mathrm{zul}\pi}} = 4\,\mathrm{mm}$$

3-10

$\dfrac{\sigma}{\mathrm{N/mm^2}}$	Rohr	Rohranschluss	Laschenanschluss	Lasche
	60	54	43	54

3-11   Mit $d/s = k$ $\sigma = \dfrac{p \cdot k^2}{4(k+1)} = 29\,\text{N/mm}^2$

3-12   Vorspannkraft Schraube aus Ansatz (Bd. 1 Gl. 11-6)

$$M_A = F_V \cdot \frac{d_m}{2} \cdot \tan(\alpha + \rho) + F_V \cdot \frac{d_{mK}}{2} \cdot \mu \Rightarrow F_V = 14{,}3\,\text{kN}$$

Belastung Platte $F_P = 2S \cdot \sin\beta = 10{,}26\,\text{kN}$

Betriebskraft Schraube $F_B = F_P/4 = 2{,}57\,\text{kN}$

Gesamtkraft Schraube $F_S = F_V + F_B$

$$\sigma = \frac{F_S}{A_S} = 200\,\text{N/mm}^2 < \sigma_{zul} = 0{,}70 \cdot 320\,\text{N/mm}^2$$

3-13   Gl. 3-3/4

$$\sigma = \frac{F}{b \cdot s} \cdot \cos^2(90° - \beta) = 56{,}2\,\text{N/mm}^2$$

$$\tau = \frac{F}{2 \cdot b \cdot s} \cdot \sin^2(90° - \beta) = 32{,}5\,\text{N/mm}^2$$

3-14 $\varepsilon = 7{,}3 \cdot 10^{-2}\,\%;$ $\Delta l = 7{,}3 \cdot 10^{-2}\,\text{mm};$

$\varepsilon_q = 2{,}2 \cdot 10^{-2}\,\%;$ $\Delta d = 2{,}2 \cdot 10^{-3}\,\text{mm};$ $e = 2{,}9 \cdot 10^{-2}\,\%.$

3-15   Siehe 2-6 $\Delta L = \Delta l = 32\,\text{mm};$ $\delta_L = \delta \cdot \dfrac{l}{L} = 1{,}6\,\%$

3-16 $\Delta d = \dfrac{\sigma \cdot d}{E} = 0{,}103\,\text{mm}$

3-17   (1) = Cu   (2) = Alu

Ansatz $F_1 + F_2 = F$ $\varepsilon_1 = \varepsilon_2$ Gl. 3-9

$$\sigma_1 = \frac{F}{A_1 + \dfrac{E_2}{E_1}A_2} = 56{,}4\,\text{N/mm}^2$$

$$\sigma_2 = \frac{F}{A_2 + \dfrac{E_1}{E_2}A_1} = 31{,}3\,\text{N/mm}^2$$

$$\Delta l = \frac{l \cdot F}{A_1 E_1 + A_2 E_2} = 2{,}60\,\text{mm}$$

3-18   Ansatz: Gl. 3-9; $F = F_1 + F_2 + F_3;$ $\Delta l_1 = \Delta l_2 = \Delta l_3$

$F = \varepsilon \cdot A(E_1 + E_2 + E_3) = 206\,\text{kN};$ $\sigma = E \cdot \varepsilon$

$\sigma_1 = 52{,}5\,\text{N/mm}^2;$ $\sigma_2 = 32{,}5\,\text{N/mm}^2;$ $\sigma_3 = 18{,}0\,\text{N/mm}^2$

Der E-Modul ist ein Maß für die Starrheit eines Werkstoffes. Das Teil mit dem höchsten E-Modul überträgt den größten Kraftanteil.

3-19 Ansatz: Gl. 3-9; $\Delta l_{ges} = \Delta l_1 + \Delta l_2 + \Delta l_3$; $F_1 = F_2 = F_3$

$$k = \sum \frac{1}{E_i}; \qquad F = \frac{\Delta l_{ges} \cdot A}{l \cdot k}; \qquad \Delta l_i = \frac{\Delta l_{ges}}{E_i \cdot k}$$

$\Delta l_1 = 5,4\,\mu m$; $\Delta l_2 = 8,8\,\mu m$; $\Delta l_3 = 15,8\,\mu m$

$F = 56,9\,kN$; $\sigma = 28,5\,N/mm^2$

Der E-Modul ist ein Maß für die Starrheit eines Werkstoffes. Das Teil mit dem niedrigsten E-Modul weist die höchste Deformation auf.

3-20 Ansatz: Gl. 3-9; $\Delta l_1 + \Delta l_2 + \Delta l_3 = e$; $F = $ konst.

$$k = \sum \frac{l}{A}; \quad F = \frac{e \cdot E}{k} = 6,6\,kN$$

Linker Flansch verlagert sich um $\Delta l_1 + \Delta l_2 = 0,78\,mm$.

3-21 Zustand vor Setzen (v), nach Setzen (n)

$s = \Delta l_v - \Delta l_n$;   HOOKE

$$\sigma_n = \sigma_v - \frac{s \cdot E}{l_{ges}}; \quad \Delta\sigma = \frac{s \cdot E}{l_{ges}} \quad \text{Spannungsverlust}$$

$$l_{ges} = l_1 + l_2; \quad l_1 = \frac{s \cdot E}{\Delta\sigma} - l_2 = 24\,mm$$

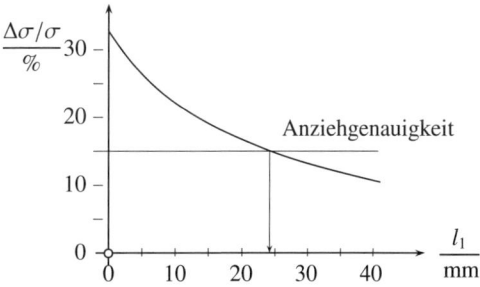

Abb. L3-21

3-22 Wenn F_h angreift, ist Hülse spannungsfrei. Nach dem Lösen der Hydraulik verkürzt sich die Hülse um Δl, es wirkt die Kraft F_V. Gl. 3-9;

$$F_V = \frac{\Delta l}{l} \cdot A_H \cdot E \qquad\qquad (1)$$

Während des Lösens der Hydraulik wird der Schaft um Δl kürzer. Die Kraft verringert sich auf F_V

$$F_V = F_h - \frac{\Delta l}{l} \cdot A_{Sch} \cdot E \qquad\qquad (2)$$

Zwei Gleichungen für F_V und Δl.

$$F_V = \frac{F_h}{\dfrac{A_{Sch}}{A_H} + 1} = 95{,}4\,\text{kN}; \quad \Delta l = \frac{F_h \cdot l}{E(A_{Sch} + A_H)} = 0{,}071\,\text{mm}$$

3-23   a) $F_V = 42{,}9\,\text{kN} \quad \sigma_V = 180\,\text{N/mm}^2$

        b) Band 1/Gl. 11-6; $M_A = 85\,\text{Nm}$

        c) Bei Belastung durch p verlängern sich Schraube und Hülse. Dadurch erhöht sich die Kraft in der Schraube (Zug) und vermindert sich die Kraft in der Hülse (Druck). Die so entstehende Differenzkraft muss gleich der Betriebskraft sein ($\sum F = 0$).

$$F_B = \Delta F_S + \Delta F_H = \frac{\Delta l}{l} E(A_S + A_H) \Rightarrow \Delta l = 0{,}023\,\text{mm}$$

Gesamtverlängerung Schraube

$$\Delta l_{gesS} = \Delta l_{VS} + \Delta l = 0{,}180\,\text{mm} \Rightarrow \sigma_{maxS} = 344\,\text{N/mm}^2$$

Durch Druckbelastung verlängert sich Hülse um Δl (Beachten: minus!)

$$\Delta l_{gesH} = \Delta l_{VH} - \Delta l = 0{,}072\,\text{mm} \Rightarrow \sigma_{HB} = 137\,\text{N/mm}^2$$

        d) Dichtkraft = Hülsenkraft im Betrieb

$$F_D = \sigma_{HB} \cdot A_H \cdot z = 391\,\text{kN}$$

3-24 $y_F = 1{,}10\,\text{mm}; \quad x_F = 0{,}33\,\text{mm}$

Hinweis für 3-25 bis 27: Die Aufhängung ist statisch unbestimmt. Die statische Gleichgewichtsbedingung wird durch das HOOKEsche Gesetz und geometrische Bedingung(en) ergänzt.

3-25   Ansatz: $\sum F = 0$;   Gl. 3-9;

$$S_1 = \frac{m \cdot g}{2\left(1 + \dfrac{E_2}{E_1}\right)} = 0{,}33 m \cdot g; \quad S_2 = \frac{m \cdot g}{2\left(\dfrac{E_1}{E_2} + 1\right)} = 0{,}167 m \cdot g$$

Der Stab, dessen Werkstoff starrer ist (höherer E-Modul), ist stärker belastet.

3-26   Ansatz: $\sum F = 0$;   Gl. 3-9; $\Delta l_2 = \Delta l_1 + s$

$$S_1 = \frac{1}{4}\left(m \cdot g - \frac{2s \cdot A \cdot E}{l}\right) = 0{,}456\,\text{kN};$$

$$S_2 = \frac{1}{4}\left(m \cdot g + \frac{2s \cdot A \cdot E}{l}\right) = 1{,}51\,\text{kN}$$

Eine geringe Abweichung von der Solllänge (0,025 %) führt zu einer erheblichen Mehrbelastung des zu kurzen Stabes. Die Einhaltung der Sollmaße ist für statisch unbestimmte Systeme besonders wichtig.

3-27   Ansatz: $\sum M_B = 0$;   Gl. 3-9; $\Delta l_3 = 3 \cdot \Delta l_1$; $\Delta l_2 = 2 \cdot \Delta l_1$;

$$F_1 = \frac{3}{28} F_{\text{res}}; \quad F_2 = \frac{3}{14} F_{\text{res}}; \quad F_3 = \frac{9}{28} F_{\text{res}};$$

Der Stab mit der größten Verlängerung ist am höchsten belastet.

3-28   Das Element dy wird mit der Gewichtskraft des darunterhängenden Teils $(A \cdot \rho \cdot g \cdot y)$ belastet. Dadurch wird es um $d(\Delta l)$ verlängert.

$$\varepsilon = \frac{d(\Delta l)}{dy} = \frac{F}{A \cdot E} \quad \Rightarrow \quad d(\Delta l) = \frac{\rho \cdot g}{E} \cdot y \cdot dy$$

Integration $\Delta l = \dfrac{l^2 \cdot \rho \cdot g}{2E}$

3-29   Probestab $u = 0{,}8 \cdot \sigma_B \cdot \delta = 109{,}5\,\text{Nm/cm}^3$.

Dieser Wert gilt für einen proportional vergrößerten Stab $d = 25\,\text{mm}$; $l = 250\,\text{mm}$ (geometrisch ähnliche Einschnürung). Für diesen vergrößerten Stab ist $W = u \cdot V = 13{,}4\,\text{kNm}$. Das ist auch die Formänderungsenergie für den Zuganker, da die „Überlängen" an der plastischen Deformation nicht teilnehmen.

3-30   Ansatz: $m \cdot g(h + \Delta l) = u \cdot l \cdot A$;   Gl. 3-9/12

$$F_{\text{max}} = m \cdot g \left(1 + \sqrt{1 + \frac{2E \cdot A \cdot h}{m \cdot g \cdot l}} \right)$$

Für $h = 0$ ist $F_{\text{max}} = 2m \cdot g(!)$. Diese Überlastung wird vermieden, wenn das Seil langsam belastet wird. Wenn die Masse bei $h = 0$ „losgelassen" wird, setzt Schwingung mit der Amplitude Δl ein.

3-31   Ansatz: $m \cdot g(\Delta l + h) = u \cdot A \cdot l$;   Gl. 3-12

$$h = \frac{m \cdot g \cdot l}{2A \cdot E}(n^2 - 2n) = 7{,}5\,\text{mm}$$

$h = 0$ für $n = 2(!)$ (s. Diskussion Lösung 3-30). Sehr hohe Spannungszunahme durch dynamische Belastung.

3-32   s. Lösung 3-24.

3-33 $p_L = 137\,\text{N/mm}^2$

3-34 $p_L = 125\,\text{N/mm}^2$

3-35 $p = \dfrac{P}{\pi \cdot n \cdot d \cdot A} = 77\,\text{N/mm}^2$

Lösungen zu Kapitel 4

4-1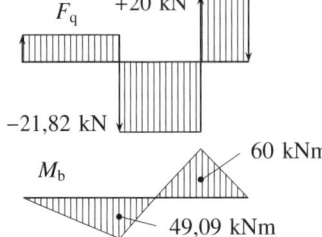

Abb. L4-1

4-2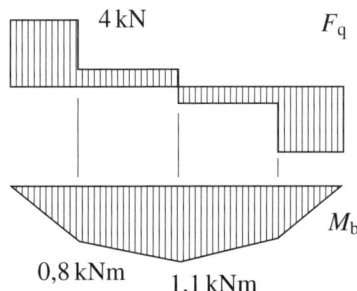

Abb. L4-2

4-3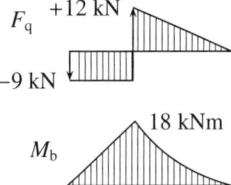

Abb. L4-3

4-4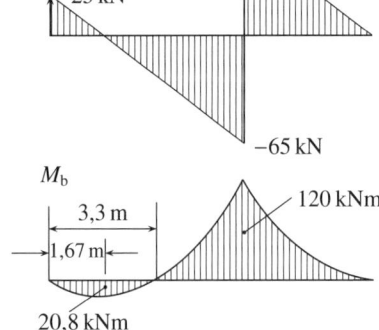

Abb. L4-4

4-5

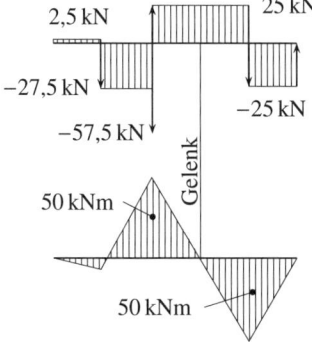

2,5 kN   25 kN

−27,5 kN

−25 kN

−57,5 kN

Gelenk

50 kNm

50 kNm

Abb. L4-5

4-6

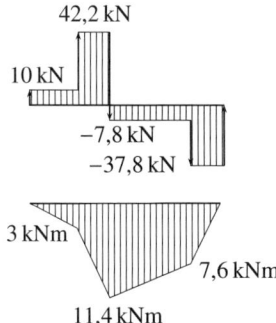

42,2 kN

10 kN

−7,8 kN

−37,8 kN

3 kNm

7,6 kNm

11,4 kNm

Abb. L4-6

4-7 $F_q = \dfrac{1}{2} q_0 \cdot l \left[\dfrac{1}{3} - \left(\dfrac{x}{l} \right)^2 \right]; \quad M_b = \dfrac{1}{6} q_0 \cdot l \cdot x \left[1 - \left(\dfrac{x}{l} \right)^2 \right]$

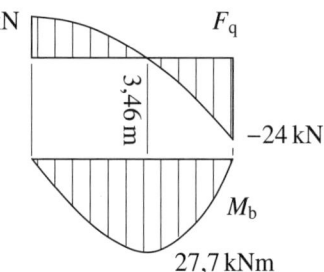

12 kN F_q

3,46 m

−24 kN

M_b

Abb. L4-7   27,7 kNm

Hinweis für 4-8 bis 12: Einheiten x(m); F(kN); q(kN/m). x vom linken Trägerrand ausgehend.

Kontrolle: x für rechtes Trägerende in Gleichung für M einsetzen: $M = 0$.

4-8 $M = x \cdot 8,18 - \langle x - 6 \rangle\, 30 + \langle x - 11 \rangle\, 41,82$

4-9 $M = 4x - \langle x - 0,2 \rangle\, 3 - \langle x - 0,5 \rangle\, 2 - \langle x - 0,8 \rangle\, 3$

4-10 $M = -\langle x - 2 \rangle^2\, 2 - 9x + \langle x - 2 \rangle\, 21$

4-11 $M = -x^2 7,5 + 25x + \langle x - 6 \rangle\, 125$

4-12 $M = 12x - x^3/3$

4-13   Über gedrückter Faser aufgetragen.

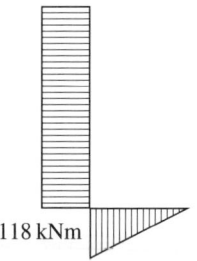

118 kNm

Abb. L4-13

4-14   Über gedrückter Faser aufgetragen.

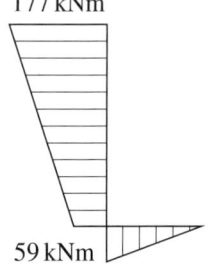

177 kNm

59 kNm

Abb. L4-14

4-15   Über gedrückter Faser aufgetragen.

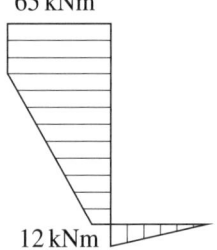

65 kNm

12 kNm

Abb. L4-15

Hinweis für 4-16 bis 21: Die Biegemomentendiagramme sind über der gezogenen Faser aufgetragen.

4-16   Ein Kräftepaar ist ein parallel verschieblicher Vektor, deshalb M_b = konst. Das Reaktionsmoment belastet den Träger.

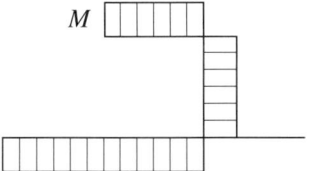

Abb. L4-16

4-17

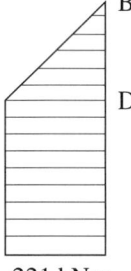

221 kNm

Abb. L4-17

4-18

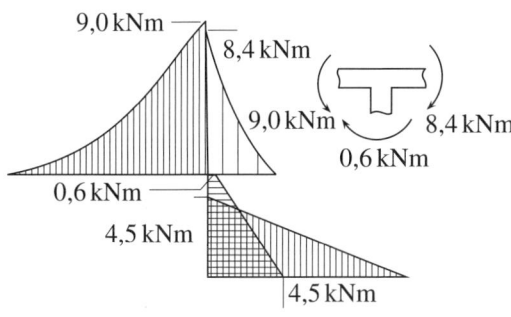

Abb. L4-18

4-19

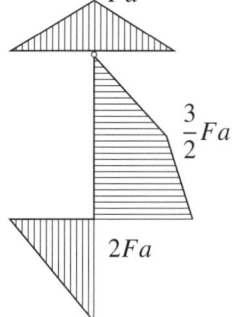

Abb. L4-19

4-20

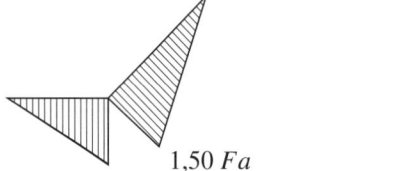

1,50 *F a*

Abb. L4-20

4-21

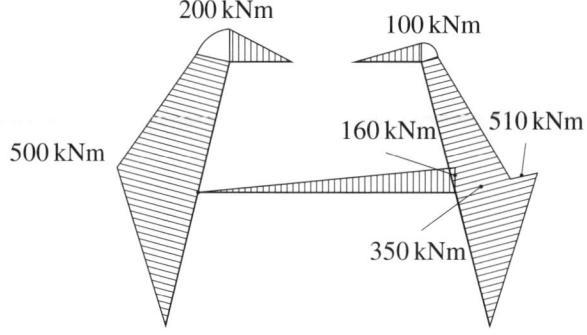

200 kNm

100 kNm

500 kNm

160 kNm   510 kNm

350 kNm

Abb. L4-21

4-22

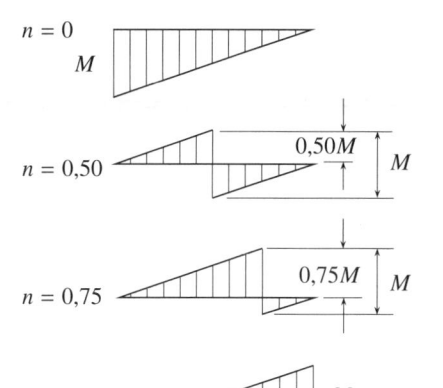

$n = 0$

M

$n = 0,50$ 0,50M M

$n = 0,75$ 0,75M M

$n = 1,0$ M

Abb. L4-22

4-23

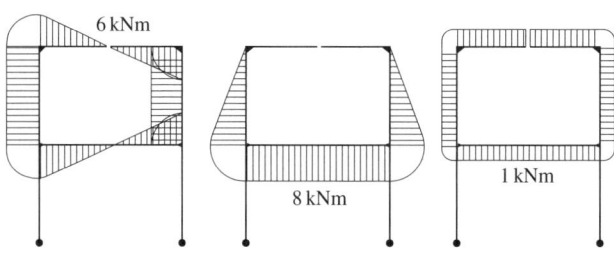

6 kNm

8 kNm

1 kNm

Abb. L4-23

4-24 $K = 1 + 12n^2$

Bei Parallelverschiebung der Bezugsachse vom Schwerpunkt ausgehend nimmt das Flächenträgheitsmoment sehr stark zu. Beträgt z.B. der Abstand etwa das 2,9-fache der Kantenlänge, steigt das Trägheitsmoment auf den 100-fachen Wert von I_S. Berücksichtigt man bei diesen Proportionen den Schwerpunktanteil im STEINERschen Satz nicht, ergibt sich ein Fehler von ca. 1 %. Diese Überlegung wendet man im Stahlbau an.

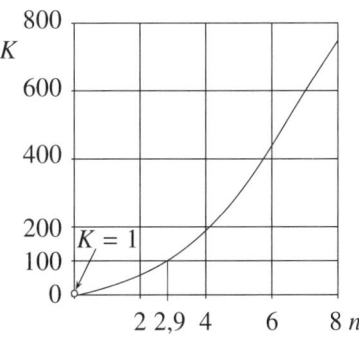

Abb. L4-24

4-25 $I_{yS} = 16{,}6\,\mathrm{cm}^4$; $W_y = 4{,}79\,\mathrm{cm}^3$; $I_z = 8{,}51\,\mathrm{cm}^4$; $W_z = 3{,}40\,\mathrm{cm}^3$.

4-26 $I_{yS} = 37{,}5\,\mathrm{cm}^4$; $W_y = 11{,}8\,\mathrm{cm}^3$; $I_z = 94{,}0\,\mathrm{cm}^4$; $W_z = 23{,}5\,\mathrm{cm}^3$.

4-27 Rechnung für Mittellinie der Wände

$I_{yS} = 6750\,\mathrm{cm}^4$; $W_y = 390\,\mathrm{cm}^3$; $I_z = 6750\,\mathrm{cm}^4$; $W_z = 450\,\mathrm{cm}^3$.

Flächen nach Abb. 4-54 (Bd. 2) zusammenschieben.

4-28 $I_{yS} = 2{,}30 \cdot 10^6\,\mathrm{cm}^4$; $W_y = 53700\,\mathrm{cm}^3$; $I_{zS} = 1{,}38 \cdot 10^6\,\mathrm{cm}^4$;
$W_z = 45900\,\mathrm{cm}^3$.

4-29 $I_{yS} = 676\,\mathrm{cm}^4$; $W_y = 128\,\mathrm{cm}^3$; $I_{zS} = 3063\,\mathrm{cm}^4$; $W_z = 306\,\mathrm{cm}^3$.

4-30 $I_{yS} = 21450\,\mathrm{cm}^4$; $W_y = 1220\,\mathrm{cm}^3$; $I_{zS} = 5820\,\mathrm{cm}^4$; $W_z = 582\,\mathrm{cm}^3$.

4-31 $B = 110\,\mathrm{mm}$.

4-32 Schwerpunktlage für Halbprofil aus statischem Moment S (Tabelle 10a) berechnen

$$z_S \frac{A}{2} = S_y \quad \Rightarrow \quad z_S = 12{,}54\,\mathrm{cm}$$

$0{,}5 \cdot I_y$ (Tabellenwert) mit STEINER auf S-Achse umrechnen

$I_{yS} = 875\,\mathrm{cm}^4$; $W_y = 69{,}8\,\mathrm{cm}^3$; $I_z = 4280\,\mathrm{cm}^4$; $W_z = 285\,\mathrm{cm}^3$.

4-33   Für Halbprofil s. Hinweis in Lösung 4-32

$I_{yS} = 1{,}17 \cdot 10^5\,\text{cm}^4; \quad W_y = 3910\,\text{cm}^3; \quad I_{zS} = 8560\,\text{cm}^4;$

$W_z = 570\,\text{cm}^3.$

4-34   Durch Aufschweißen der Flachstähle nimmt das Widerstandsmoment von
$570\,\text{cm}^3$ auf $505\,\text{cm}^3$ ab. Begründung: der maximale Faserabstand $e_{\max}$
ist im höheren Maße vergrößert worden als das Trägheitsmoment. Ein
großer Faserabstand hat wegen der linearen Spannungszunahme eine große
Spannung in den Außenbereichen zur Folge. Schlussfolgerung: Einzelne
Teile sollen nicht herausragen.

4-35   a) $d = 74{,}1\,\text{mm}; \quad m = 33{,}9\,\text{kg/m}$
            b) Es ergibt sich Gleichung 4. Grades. Vorschlag: durch Probieren für
                technische Genauigkeit lösen.

$$d = 76{,}1\,\text{mm}; \quad m = 25{,}8\,\text{kg/m}$$

            c) $d = 87{,}7\,\text{mm}; \quad m = 14{,}2\,\text{kg/m}$
                Die leichteste Achse ist im Durchmesser am größten, weil die innenlie-
                genden Teile in ihrer Festigkeit nur wenig ausgenutzt werden.

4-36   I 260 $\sigma = 136\,\text{N/mm}^2$

4-37   I 260 $\sigma = 114\,\text{N/mm}^2$

4-38

Lastangriffspunkt	1 = 3	2
Vollwelle d/mm	54,6	60,7
Hohlwelle D/mm	56,2	61,9

siehe Bemerkung zur Lösung 4-35b. Die Hohlwelle ist unwesentlich größer,
da die inneren Materialteile nur wenig zur Übertragung der Biegemomente
beitragen.

4-39 $\sigma = 102\,\text{N/mm}^2$

4-40 $\sigma = 129\,\text{N/mm}^2$

4-41 $l = \sqrt{\dfrac{2W \cdot \sigma}{q}} = 4{,}8\,\text{m}$

4-42 $l = \sqrt{\dfrac{8W \cdot \sigma}{q}} = 6{,}1\,\text{m}$

4-43   Mit $k = \dfrac{M_b}{2\sigma \cdot A}$ allgemein

$$h = s + k\left(1 + \sqrt{\dfrac{2s}{k} + 1}\right)$$

linearer M_b-Verlauf $M_b = \dfrac{1}{2} F \cdot x$

$$h = s + \frac{F \cdot x}{4\sigma \cdot A}\left(1 + \sqrt{\frac{8s \cdot \sigma \cdot A}{F \cdot x} + 1}\right); \quad 0 < x \le \frac{l}{2}$$

$h_{max} = 75{,}4 \, \text{cm}.$

In Lagernähe Dimensionierung nach der Querkraft. Deshalb gelten dort diese Gleichungen nicht. Nach Aufgabenstellung ist $h_{min} = 2s$. Aus diesem Grunde ergibt sich aus den Gleichungen nicht $h = 0$ für $x = 0$.

4-44   Trägerprofil ohne Gurte W_y.
Zulässiges Biegemoment $M_b = W_y \cdot \sigma_{zul}$.
Momentengleichung am Teilabschnitt des Trägers

$$F_A \cdot x - q\frac{x^2}{2} = M_b \Rightarrow \text{quadr. Gl. für } x \Rightarrow x = 1{,}20 \, \text{m}$$

Träger gurtfrei auf 1,20 m Länge vom Lager aus gemessen.

4-45   Für M_{bmax} ist $W_{erf} = 670 \, \text{cm}^3$

$$\Rightarrow I = W \cdot e = 670 \, \text{cm}^3 (8{,}0 + 1{,}4) \, \text{cm} = 6298 \, \text{cm}^4$$

Davon 2490 cm^4 HE-B-Profil, $\Rightarrow I_{Gurt} = 3808 \, \text{cm}^4$.

$$I_G = 2b \cdot 1{,}4 \, \text{cm} \cdot 8{,}7^2 \, \text{cm}^2 \Rightarrow b = 18 \, \text{cm}; \sigma = 179 \, \text{N/mm}^2$$

für HE-B 160 ist $\sigma = 180 \, \text{N/mm}^2$ bei $M_b = 56 \, \text{kNm}$. Wo dieser Wert überschritten wird, muss der Träger verstärkt werden. M_b-Gleichung aufstellen und die Punkte $M_b = 56 \, \text{kNm}$ ermitteln. Gurte notwendig im Bereich 1,13 m links bis 1,27 m rechts vom Loslager.

4-46   67,4 mm/101,3 mm/132,6 mm/104,9 mm

4-47

Lage	1	2	3	4	5	6
$\dfrac{\sigma}{\text{N/mm}^2}$	25	48	68	70	55	70

4-48   a) $\sigma \sim \dfrac{k_f \cdot k_l}{k_m^3}; \quad w \sim \dfrac{k_f \cdot k_l^3}{k_m^4}$

b) $\sigma \sim \dfrac{k_f \cdot k_l^2}{k_m^3}; \quad w \sim \dfrac{k_f \cdot k_l^4}{k_m^4}$

Höhere Potenzen zeigen einen sehr starken Einfluss an.

$\sigma = 108 \, \text{N/mm}^2; \quad w = 0{,}073 \, \text{mm}.$

Hinweis für 4-49 bis 51: Einheiten: Längen m; Kräfte kN.

4-49   s. Lösung 4-8

$$EIw = -x^3 \cdot 1{,}364 + \langle x - 6 \rangle^3 5 - \langle x - 11 \rangle^3 6{,}970 + 108{,}2x$$

$$w_6 = 4{,}6\,\text{mm}; \quad w_{14} = 1{,}9\,\text{mm}; \quad \varphi_A = 1{,}41 \cdot 10^{-3}; \varphi_{14} = 1{,}0 \cdot 10^{-3}$$

4-50   s. Lösung 4-11

$$EIw = -x^4 \cdot 0{,}625 - x^3 \cdot 4{,}167 - \langle x - 6 \rangle^3 20{,}833 + 15{,}0x$$

$$w_3 = -0{,}075\,\text{mm}; \quad w_{10} = 4{,}0\,\text{mm}$$

4-51   Siehe Lösung 4-10, für starres Lager B

$$EIw = \langle x - 2 \rangle^4 0{,}167 + x^3 1{,}50 - \langle x - 2 \rangle^3 3{,}50 - 6x$$

$$w_{\text{max}} = 2{,}32\,\text{mm} + 2{,}00\,\text{mm} = 4{,}32\,\text{mm}$$

4-52 $w_{F1} = 0{,}45\,\text{mm}; \quad w_{F2} = 0{,}41\,\text{mm}; \quad \varphi_A = 1{,}18 \cdot 10^{-3}; \quad \varphi_B = -1{,}39 \cdot 10^{-3}$

4-53 $w = 10\,\text{mm}; \quad \Delta x_B = 37\,\text{mm}; \quad \Delta x = 25\,\text{mm}$

4-54 $$w_x = \frac{\sqrt{5}F \cdot a^3}{6EI}; \quad w_y = \frac{\sqrt{5}F \cdot a^3}{3EI}$$

4-55 $$w_F = \frac{3F \cdot a^3}{2EI}, \quad \varphi_F = \frac{5F \cdot a^2}{4EI}$$

4-56 $$w_{Fy} = \frac{q \cdot a^4}{8EI} + \frac{q \cdot a^3 \cdot b}{2EI_2}; \quad w_{Fx} = \frac{q \cdot a^2 \cdot b^2}{4EI_2};$$

$$\varphi = \frac{q \cdot a^3}{6EI_1} + \frac{q \cdot a^2 \cdot b}{2EI_2}$$

4-57 $$x = \frac{2F_1 \cdot a^3}{EI}; \quad F_B = \frac{6}{7}F_1$$

Es handelt sich grundsätzlich um den Lösungsweg für ein statisch unbestimmtes System. Ein senkrecht verschiebliches Auflager bei B verhindert eine Verlagerung in x-Richtung. Dazu ist die Kraft F_B erforderlich.

4-58 $$w_{\text{max}} = \frac{5q \cdot l^4}{384EI} = 1{,}89\,\text{cm}; \quad F_c = \frac{48EIw_{\text{max}}}{l^3} = 37{,}5\,\text{kN}$$

Lagerung AB: $\sigma_{\text{max}} = 127\,\text{N/mm}^2$;
Lagerung ABC: $\sigma_{\text{max}} = 32\,\text{N/mm}^2$

s. Hinweis Lösung 4-57.

4-59   a) $w_{\text{max}} = 2{,}39\,\text{cm} \Rightarrow F_c = 47{,}4\,\text{kN}; \quad \sigma_{\text{max}} = 74\,\text{N/mm}^2$
             b) $w_{\text{max}} = 1{,}39\,\text{cm} \Rightarrow F_c = 27{,}6\,\text{kN} \Rightarrow M_{b\text{max}}$ nicht in der Trägermitte.
                 Aus $F_q = 0 \Rightarrow M_{b\text{max}} = 1{,}31 \cdot 10^6\,\text{Ncm} \Rightarrow \sigma_{\text{max}} = 37\,\text{N/mm}^2$

Eine statisch unbestimmte Lagerung erfordert genaue Einhaltung der Geometrie. Schon geringe Abweichungen haben große Änderungen der Belastung zur Folge.

4-60 Statische Belastung durch Gewichtskräfte $\Rightarrow$ Biegung um y-Achse $\sigma_y = 95{,}4\,\text{N/mm}^2$. Verbleiben für Biegung um die z-Achse durch Beschleunigungskräfte $\sigma_z = 44{,}6\,\text{N/mm}^2 \Rightarrow M_{bz} = \sigma_z \cdot W_z = 5{,}08\,\text{kNm}$. Pro Träger Belastung durch mittige Kraft $(m/2) \cdot a$ und Streckenlast $\overline{m}_{\text{Tr}} \cdot a$. $a = 0{,}48\,\text{m/s}^2$.

4-61 Geschlossene Lösung sehr umfangreich. Vorschlag:

$$\cos\beta + 9{,}044 \cdot \sin\beta = 4{,}571 \quad \text{durch Einsetzen lösen } \beta = 23{,}8°$$

4-62 $W_y = 2301\,\text{cm}^3; \quad W_z = 1954\,\text{cm}^3$
x-z-Ebene $M_{b1} = 100\,\text{kNm}; \quad M_{bM} = 112{,}5\,\text{kNm}$
x-y-Ebene $M_{b1} = 100\,\text{kNm}; \quad M_{bM} = 90\,\text{kNm}$
$\sigma_1 = 95\,\text{N/mm}^2; \quad \sigma_M = 95\,\text{N/mm}^2$

4-63 Resultierende Biegemomente

$M_{bA} = 1{,}00\,\text{kNm}; \quad M_{bB} = 1{,}20\,\text{kNm}; \quad M_{b2} = 1{,}27\,\text{kNm}$

$\Rightarrow W = 21{,}1\,\text{cm}^3 \Rightarrow$ Gleichung 4. Grades für D

Lösung innerhalb technischer Genauigkeit durch Einsetzen $D = 63{,}5\,\text{mm}$

4-64 $I_{\max} = 15740\,\text{cm}^4; \quad I_{\min} = 5340\,\text{cm}^4; \quad \alpha_h = -26°\,(I_{\min})$

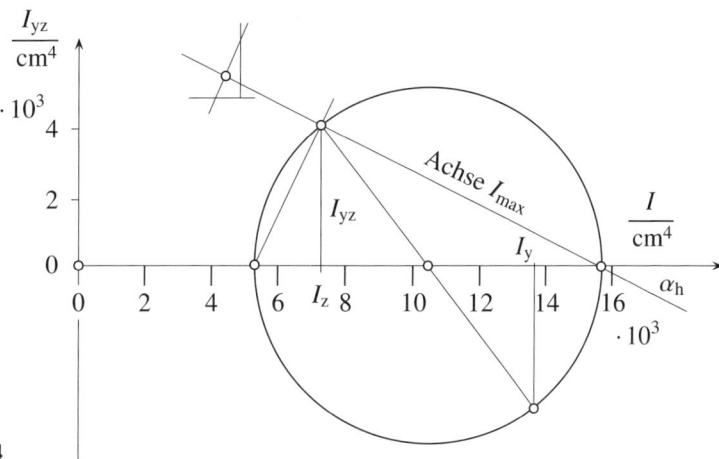

Abb. L 4-64

4-65 $I_{max} = 21640\,cm^4$; $I_{min} = 7540\,cm^4$; $\alpha_h = 32{,}5°(I_{min})$

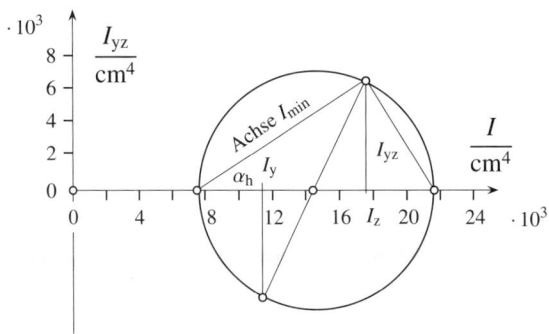

Abb. L4-65

4-66 $I_{max} = 3048\,cm^4$; $I_{min} = 810\,cm^4$; $\alpha_h = -74{,}9°(I_{min})$

4-67 $\sigma_A = 85\,N/mm^2$; $\sigma_B = -64\,N/mm^2$; $\sigma_C = -89\,N/mm^2$

4-68   Position L

Schenkelenden oben $\sigma = +65\,N/mm^2$;
rechts unten $\sigma = +16\,N/mm^2$;   Kante links $\sigma = -55\,N/mm^2$.

4-69

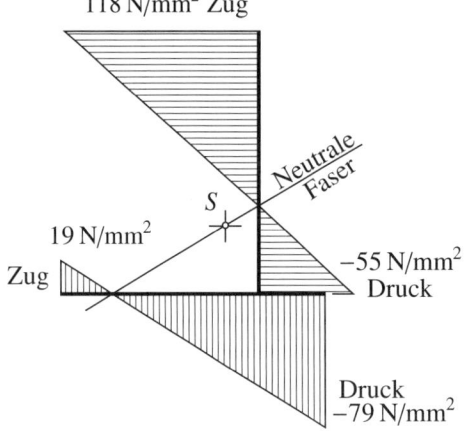

Abb. L4-69

4-70   Gl. 4-16; $W_F = \dfrac{F^2 \cdot l^3}{6EI}$;   elastisches System $W_F = \dfrac{1}{2}F \cdot w_{max}$

Gleichsetzen $w_{max} = \dfrac{F \cdot l^3}{3EI}$

4-71 $W_F = \dfrac{M^2 \cdot l}{2EI}$; $W_F = \dfrac{1}{2}M \cdot \varphi_{max} \Rightarrow \varphi_{max} = \dfrac{M \cdot l}{EI}$

4-72 $W_F = \dfrac{4F^2 \cdot a^3}{3EI}$; $W_F = \dfrac{1}{2}F \cdot w_F \Rightarrow w_F = \dfrac{8F \cdot a^3}{3EI}$

4-73 Ansatz: $m \cdot g(h + w_{dyn}) = \dfrac{1}{2} c \cdot w_{dyn}^2$; $c = m \cdot g / w_{stat}$

$$\frac{w_{dyn}}{w_{stat}} = \frac{\sigma_{dyn}}{\sigma_{stat}} = 1 + \sqrt{1 + \frac{2h}{w_{st}}}$$

$h = 0$: $\sigma_{dyn} = 2\sigma_{stat}$ (!)   einsetzende Schwingung mit Amplitude w_{stat}

Mit $\sigma_{stat} = \dfrac{m \cdot g \cdot l}{4 \cdot W} = 46\,\text{N/mm}^2$; $W_{stat} = \dfrac{m \cdot g \cdot l^3}{48EI} = 2{,}9\,\text{mm}$

$$h = \frac{\sigma_{zul} \cdot W \cdot l}{12EI \cdot m \cdot g}(2\sigma_{zul} \cdot W - m \cdot g \cdot l) = 4{,}7\,\text{mm} \; (!)$$

Dynamische Belastung hat sehr große Spannungszunahme zur Folge.

4-74 Gl. 4-16; $W_F = \dfrac{2F^2 \cdot l^3}{3EI}$;   Ansatz $W_F = m \cdot v^2 / 2$

$$l = \frac{3m \cdot v^2 \cdot E \cdot e^2}{4I \cdot \sigma^2} = 1{,}14\,\text{m};   e = I/W$$

$$F = \frac{\sigma \cdot I}{l \cdot e} = 490\,\text{N};   w_x = \frac{4Fl^3}{3EI} = 41\,\text{mm}$$

Lösungen zu Kapitel 5

5-1 Gl. 5-1; $I_y = 10450\,\text{cm}^4$; $S = 375\,\text{cm}^3$; $\tau = 39\,\text{N/mm}^2$

5-2 Gl. 5-1; $\tau = 41\,\text{N/mm}^2$

5-3 $\tau = 23\,\text{N/mm}^2$

5-4 Nähte $\tau = 21\,\text{N/mm}^2$;   Mitte $\tau = 31\,\text{N/mm}^2$

5-5 a) Pro Träger $F_q = 20\,\text{kN}$; $\tau = 39\,\text{N/mm}^2$
    b) $I_y = 2200\,\text{cm}^4$; $S = 130\,\text{cm}^3$; $\tau = 30\,\text{N/mm}^2$

Anordnung b) ist um den Faktor 2,44 biegesteifer.

5-6 $\tau = 6\,\text{N/mm}^2$

5-7 Näherungsrechnung: HOOKEsches Gesetz gilt nicht, Werkstoff nicht homogen.

    a) Anrissgefahr in Längsrichtung des Trägers, deshalb mit τ_p und $b = 1{,}0\,\text{cm}$ rechnen: $F_q = 2{,}3\,\text{kN}$.
    b) Halbe Stegbreite querverstärkt, deshalb mit $b = 0{,}5\,\text{cm}$ und τ_q rechnen (Längsfasern tragen nur unbedeutend mit.) $F_q = 11\,\text{kN}$.

5-8 $F_{qmax} = F_A = q \cdot l/2$; $\tau = 23\,\text{N/mm}^2$

5-9 $\tau = 69\,\text{N/mm}^2$

5-10 $d = \sqrt{D^2 - \dfrac{2F}{\pi \cdot \tau}} = 8,3\,\text{mm}$

5-11 $P = 9,5\,\text{kW}$

5-12 $p = \dfrac{P}{\pi \cdot n \cdot d \cdot A} = 20\,\text{N/mm}^2$

5-13 $\tau = \dfrac{P}{2\pi^2 \cdot n \cdot a(d + a)^2} = 23\,\text{N/mm}^2$

5-14 $\tau = \dfrac{M}{2A \cdot a}$ A ist von Schweißnaht eingeschlossene Fläche

Gilt für alle Plattenformen, vgl. Kapitel 6 (Verdrehung) Gl. 6-11 (BREDTsche Formel).

5-15 $\tau = \dfrac{F \cdot l}{2a}\left(\dfrac{1}{b \cdot h} + \dfrac{1}{l(b + h)}\right) = 30\,\text{N/mm}^2$

5-16 $\tau = \dfrac{\sqrt{10} \cdot F}{8 \cdot A_{\text{N}}} = 45\,\text{N/mm}^2$

5-17   Durch M verursachte Schraubenkraft $F_{\text{M}} = 16,6\,\text{kN}$

$F_{\text{ges}} = 19,5\,\text{kN};\quad \tau = 62\,\text{N/mm}^2$

5-18 $M = \sum l_i F_i;\quad F_i = \dfrac{l_i}{l_{\text{max}}} \cdot F_{\text{max}};\quad M = \sum l_i^2 \cdot \dfrac{F_{\text{max}}}{l_{\text{max}}};\quad F_{\text{max}} = M \cdot \dfrac{l_{\text{max}}}{\sum l_i^2}$

Für übliche Schraubenanordnungen ist der Quotient in Tabellen ausgewertet.

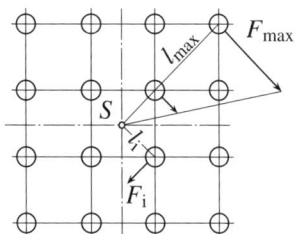

Abb. L5-18

Lösungen zu Kapitel 6

6-1   a) $d = 46,7\,\text{mm};$ b) $d = 51,2\,\text{mm};$ c) $D = 53,2\,\text{mm}.$

6-2 $\tau = 60\,\text{N/mm}^2$

6-3   a) $D = \sqrt[3]{\dfrac{16P}{2\pi^2 \cdot n \cdot \tau}} = 55,2\,\text{mm}$

b) $d = \sqrt[4]{D^4 - \dfrac{16P \cdot D}{2\pi^2 \cdot n \cdot \tau}} = 72,4\,\text{mm}$

c) Gleichung 4. Grades $D = 57,9\,\text{mm}$

Massenvergleich $\dfrac{m}{l} = \rho \cdot \dfrac{\pi}{4}(D^2 - d^2)$

a) 18,8 kg/m   b) 7,1 kg/m   c) 13,1 kg/m

Welle mit den größten Abmessungen ist am leichtesten. Grund: schlechte Werkstoffausnutzung im inneren Bereich.

6-4

Ort	1/2	3/4	5/6	
F_u/kN	19,4	55,5	250	
Welle	1	2/3	4/5	6
d/ mm	43,5	69,1	114	193

6-5

Ort	1/2	3/4	
F_u/kN	5	19,9	
Welle	1	2/3	4
d/ mm	33	41	82

6-6 Durch das Ausbohren wird die Masse stärker verringert als das Widerstandsmoment. Eine Bohrung mit dem Durchmesser von ca. $0,5 \cdot D$ verringert das Widerstandsmoment um etwa 6 %, die Masse aber um 25 %. Innenbohrungen bis ca. $0,4 \cdot D$ haben praktisch keinen Einfluss auf W und damit auf die Spannung.

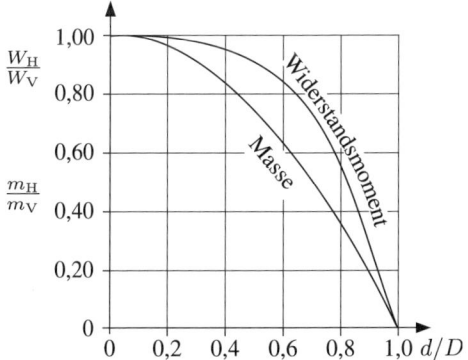

Abb. L6-6

6-7 $\dfrac{\tau}{\tau_0} = \left(\dfrac{d}{d_0}\right)^{-3}$

Stärkerer Einfluss im Bereich $\dfrac{d}{d_0} < 1$:

d um 10 % größer $\Rightarrow \tau$ 25 % niedriger,

d um 10 % kleiner $\Rightarrow \tau$ 37 % höher.

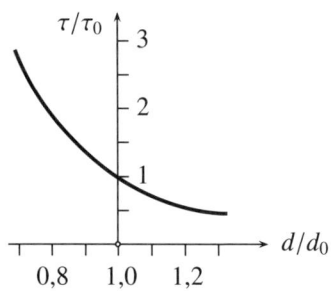

Abb. L6-7

6-8 $D = \sqrt[3]{\dfrac{16 M_\mathrm{t}}{\pi(1 - k^4)\tau}}; \quad k = d/D$

$D = 120\,\mathrm{mm}; \quad d = 84\,\mathrm{mm}; \quad \varphi/l = 1{,}05 \cdot 10^{-2}\,\mathrm{m}^{-1}$

6-9 $s_\mathrm{F} = 21\,\mathrm{mm}$

6-10 $d = \sqrt[4]{\dfrac{32 M_\mathrm{t} \cdot l \cdot a}{G \cdot \Delta s \cdot \pi}} = 38\,\mathrm{mm}$

6-11   Gl. 6-4 für Welle und Bildwelle ansetzen und gleichsetzen

$d_\mathrm{e} = \left(\dfrac{l_\mathrm{ges}}{\sum\left(\dfrac{l}{d^4}\right)}\right)^{1/4} = 50\,\mathrm{mm}$

6-12 $\varphi = i \cdot \varphi_1 + \varphi_2$

Gl. 6-4 unter Beachtung der wirkenden Momente einführen.

Gl. 6-4 für Bildwelle ansetzen und gleichsetzen.

$$l_e = \left(\frac{d_2}{d_1}\right)^4 \cdot i^2 \cdot l_1 + l_2 = 1,71 \,\text{m}$$

6-13   Ansatz: $\varphi_1 = \varphi_2$; $M_A + M_B = F \cdot D$;   Gl. 6-4

$$M_A = \frac{M}{1 + \dfrac{a}{b}\left(\dfrac{d_2}{d_1}\right)^4}; \quad M_B = \frac{M}{1 + \dfrac{b}{a}\left(\dfrac{d_1}{d_2}\right)^4}; \quad \frac{\tau_1}{\tau_2} = \frac{b}{a} \cdot \frac{d_1}{d_2}$$

$M_A = 1,96 \,\text{kNm}$; $M_B = 1,04 \,\text{kNm}$; $\tau_1 = 20 \,\text{N/mm}^2$; $\tau_2 = 25 \,\text{N/mm}^2$

6-14   Ansatz: $\varphi_1 \cdot D_1/2 = \varphi_2 \cdot D_2/2$;   Gl. 6-4

Systeme freimachen: $\sum M = 0$

Teil 1: $M_t - F_u \cdot D_1/2 - M_A = 0$

Teil 2: $M_B - F_u \cdot D_2/2 = 0$

$$M_A = \frac{M}{1 + \dfrac{1}{i^2}\left(\dfrac{d_2}{d_1}\right)^4} = 0,80 \,\text{M}; \quad M_B = \frac{M}{\dfrac{1}{i} + i\left(\dfrac{d_1}{d_2}\right)^4} = 0,40 \,\text{M}$$

6-15   a) $M_t = 8,3 \,\text{kNm}$;   b) $M_t = 0,56 \,\text{kNm}$

6-16   a) $W_t = 2A_m \cdot s_{min} = 2(32 + 0,7)(43,2 + 0,7) \cdot 0,7 \,\text{cm}^3$;
                 $\tau = 15,4 \,\text{N/mm}^2$

b) $W_t = 2 \cdot 31 \cdot 41,6 \cdot 0,7 \,\text{cm}^3$; $\tau = 17,2 \,\text{N/mm}^2$

6-17 $I_t = 197 \,\text{cm}^4$; $w_F = 7,0 \,\text{mm}$ überwiegend durch Verdrehung
                                                        verursacht.

6-18 $W_t = 123 \,\text{cm}^3$; $\tau = 81 \,\text{N/mm}^2$

6-19   Bei gleicher Querschnittsfläche nimmt mit zunehmendem Seitenverhältnis
das Widerstandsmoment gegen Verdrehung stark ab.

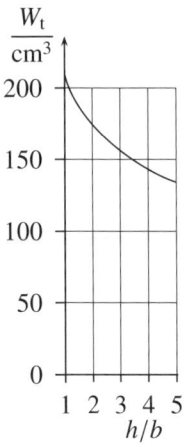

Abb. L6-19

6-20   Während I_p mit größer werdendem Verhältnis h/b zunimmt, fällt I_t. Für
$h/b = 6$ ist $I_t = 0,1 I_p$. Nur für Kreisquerschnitt gilt $I_t = I_p$.

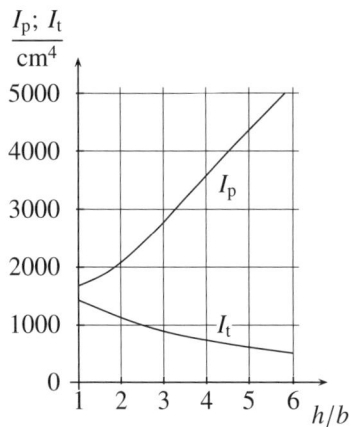

Abb. L6-20

6-21 $$W_F = \frac{16\,M_t^2}{G \cdot \pi} \sum \frac{1}{d^4} = 5{,}64\,\text{Nm}; \qquad \varphi = 1{,}61 \cdot 10^{-2}$$
Bildwelle ist Welle gleicher Formänderungsarbeit.

6-22 $W_F = \dfrac{16\,M_t^2}{G \cdot \pi}\left(i^2 \dfrac{l_1}{d_1^4} + \dfrac{l_2}{d_2^4} \right) = 1{,}70\,\text{Nm}$

$\varphi = 2W_F/M_t = 0{,}017$

s. Bemerkung 6-21

6-23   Ansatz: $W_F = m \cdot v^2/2$;   Gl. 6-13; $\tau = M_t/W_t$

$W_F = 8{,}0\,\text{Nm}$; $m = 64\,\text{kg}$; $s = 21\,\text{mm}$

Lösungen zu Kapitel 7

7-1   Achse $I_{\min}$ ist y-Achse $\lambda = 129$

7-2   Ansatz $I_y = I_z$; $B = 125\,\text{mm}$; $\lambda = 80$

7-3 $i_{\min} = 7{,}42\,\text{cm}$; $\lambda = 94$

7-4   a) $\lambda = 64$ (Tetmajer) $F_d = 148\,\text{kN}$
             b) $\lambda = 150$ (Euler) $F_d = 57\,\text{kN}$

7-5   Tetmajer $F_K = 850\,\text{kN}$ $S_K > 3$

7-6   HE-B 200 $\lambda = 60$ Quetschgrenze

7-7 $d_a = 33\,\text{mm}$; $F_d = 23\,\text{kN}$

7-8   Z 180 $\lambda = 71$

7-9 $i_{\min} = 1{,}17\,\text{cm}$; $\lambda = 111$; $S_K = 3{,}7$

7-10 $\lambda = 139$; $F_d = 24\,\text{kN}$

7-11

Knickfall	1	2	3	4
F_d/kN	27	106	125	132
F_d/F_{d2}	0,25	1	1,18	1,24
	Euler	Tetmajer	Quetschgrenze	

7-12

Knickfall		1	2	3	4
Profile einzeln	F_K/kN	580	2310	3370	3750
Profile verbunden	F_K/kN	1640	3590	3750	3750

7-13 $F_d = 250\,\text{kN}$;   Knickfall 3 für $I_{\min}$

7-14 $l = 350\,\text{mm}$

7-15 $I_{\min} = 8525\,\text{cm}^4; \quad \lambda = 89; \quad S_K = 4,9$

7-16   Die Anordnung der Querschnittsfläche im gewissen Abstand von der Achse
vermindert die Schlankheit und erhöht damit die Belastbarkeit des Stabes.
Im Bereich der elastischen Knickung ist dieser Effekt besonders groß.

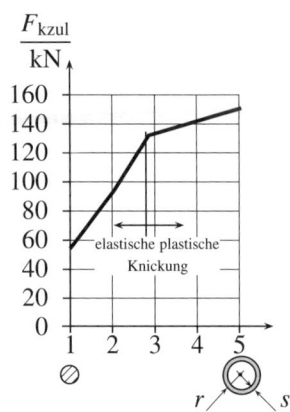

Abb. L 7-16

7-17   Obwohl der Außendurchmesser zunimmt, vermindert sich die Masse. Besonders im Bereich der elastischen Knickung ist die Masseabnahme sehr
stark. Der Rohrquerschnitt ist optimal für die Aufnahme einer Knickbelastung.

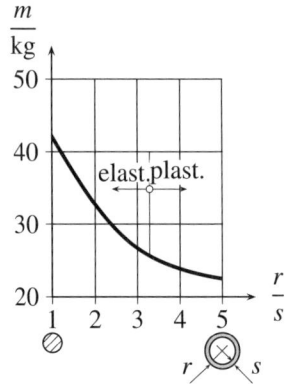

Abb. L 7-17

Lösungen zu Kapitel 8

8-1 $\sigma_{max} = 140\,N/mm^2$; $\sigma_{min} = -80\,N/mm^2$; $\tau_{max} = 110\,N/mm^2$.

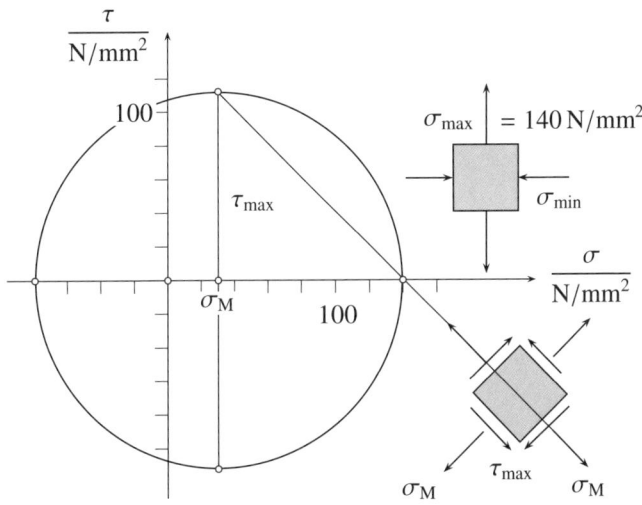

Abb. L 8-1

8-2 $\sigma_{max} = 142\,N/mm^2$; $\sigma_{min} = 78\,N/mm^2$; $\tau_{max} = 32\,N/mm^2$.

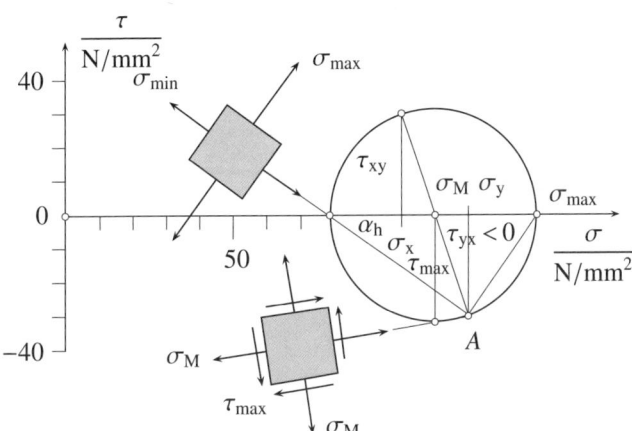

Abb. L 8-2

8-3 $\sigma_{max} = 134\,\text{N/mm}^2$; $\sigma_{min} = -54\,\text{N/mm}^2$; $\tau_{max} = 94\,\text{N/mm}^2$.

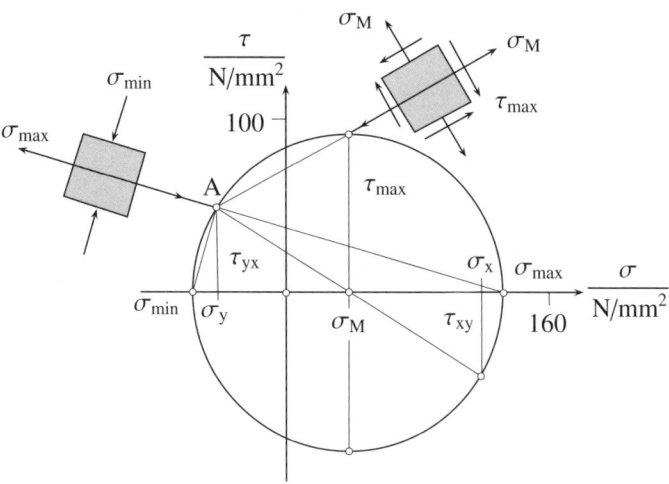

Abb. L8-3

8-4   Vorspannung (F_v) $\sigma = 499\,\text{N/mm}^2$;

Moment Kopfreibung $(r_m = 15\,\text{mm})$; $M_K = 152\,\text{Nm}$;

Gewindereibung $M_G = M_A - M_K = 188\,\text{Nm} \Rightarrow \tau_t = 164\,\text{N/mm}^2$;

$\sigma_{max} = 548\,\text{N/mm}^2$; $\tau_{max} = 299\,\text{N/mm}^2$.

8-5   Hauptachsen unter 45°. Begründung: $\sigma_b = \sigma_x = 0; \sigma_z = 0$. Am Element wirkt nur die durch die Querkraft verursachte Schubspannung. Der Mittelpunkt des MOHRschen Kreises liegt im Ursprungspunkt des Koordinatensystems.

8-6 σ_x durch Biegung verursacht, τ_{xz} durch die Querkraft.

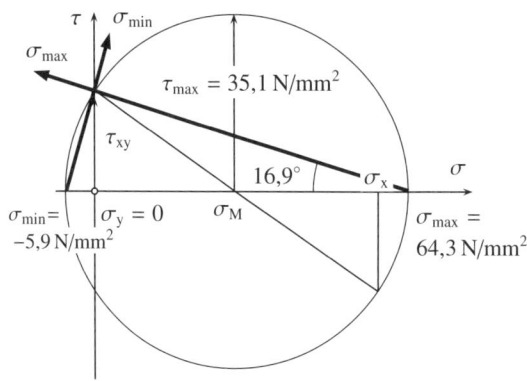

Abb. L8-6

8-7   Max. Belastung in A; $\sigma_x = \sigma_b = 35\,\text{N/mm}^2$; $\tau_{yx} = \tau_t = 22\,\text{N/mm}^2$.

$\sigma_{max} = 46\,\text{N/mm}^2$; $\sigma_{min} = -11\,\text{N/mm}^2$; $\tau_{max} = 28\,\text{N/mm}^2$.

Das sind Werte für ein Element in Draufsicht auf die Welle (Abb.). Für ein auf der gegenüberliegenden Seite liegendes Element ist σ_x negativ (Druckspannung). Der MOHRsche Kreis ist um die Ordinate in den negativen Bereich geklappt.

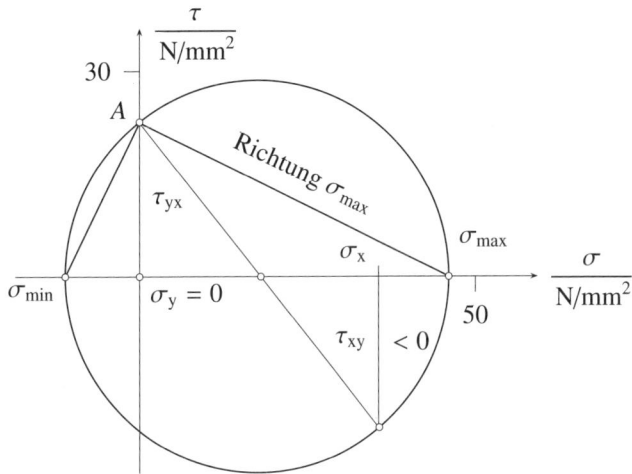

Abb. L8-7

8-8 $\sigma_b = \sigma_x = 79 \, \text{N/mm}^2;$ $\tau_q = \tau_{zx} = 25 \, \text{N/mm}^2;$ $\sigma_{max} = 87 \, \text{N/mm}^2;$
$\sigma_{min} = -7 \, \text{N/mm}^2;$ $\tau_{max} = 47 \, \text{N/mm}^2.$
Vorzeichen gelten für die Naht unten.

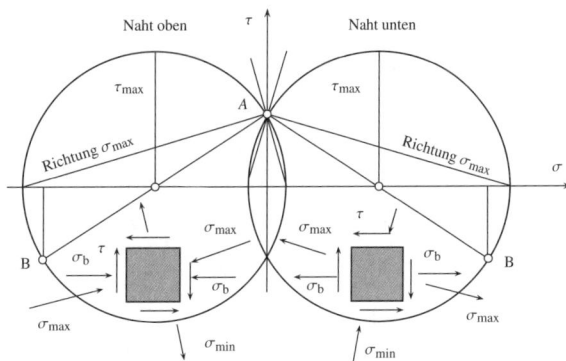

Abb. L8-8

8-9 $\tau_t = 17\,\text{N/mm}^2$. Querkraft: $\tau_q = 28\,\text{N/mm}^2 \Rightarrow \tau_{xz} = 45\,\text{N/mm}^2$; $\sigma_b = \sigma_x = 68\,\text{N/mm}^2 \Rightarrow \sigma_{max} = 90\,\text{N/mm}^2$; $\sigma_{min} = -23\,\text{N/mm}^2$; $\tau_{max} = 57\,\text{N/mm}^2$; $\alpha_h = -63°$ (Richtung σ_{min}).

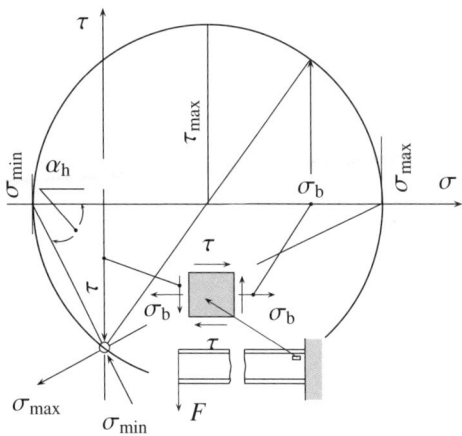

Abb. L8-9

8-10 Schnitt A: $M_b = 10{,}5\,\text{kNm}$; $\sigma_b = 28\,\text{N/mm}^2$; $M_t = 12\,\text{kNm}$;
$W_t = 321\,\text{cm}^3$; $\tau_t = 37\,\text{N/mm}^2$; $\sigma_{max} = 54\,\text{N/mm}^2$;
$\sigma_{min} = -26\,\text{N/mm}^2$; $\tau_{max} = 40\,\text{N/mm}^2$.

Schnitt B: $M_b = 30\,\text{kNm}$; $\sigma_b = 79\,\text{N/mm}^2$; $M_t = 15\,\text{kNm}$;
$\tau_t = 47\,\text{N/mm}^2$; $\sigma_{max} = 100\,\text{N/mm}^2$;
$\sigma_{min} = -22\,\text{N/mm}^2$; $\tau_{max} = 61\,\text{N/mm}^2$.

8-11 $\sigma_{max} = 53\,\text{N/mm}^2$; $\sigma_{min} = 28\,\text{N/mm}^2$; $\tau_{max} = 13\,\text{N/mm}^2$.

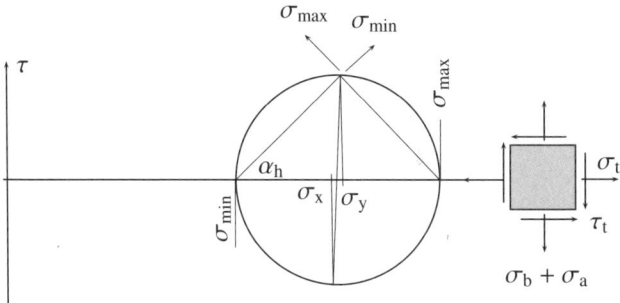

Abb. L8-11

Lösungen zu Kapitel 9

9-1 $\sigma = 74\,\text{N/mm}^2$ etwa 6 % durch Zug verursacht.

Wenn die Wirkungslinie der Kraft parallel zur Trägerachse um mehr als die Querabmessung des Trägers verschoben ist, überwiegt die Biegespannung.

9-2 s. 9-1. Zunächst nur nach Biegespannung dimensionieren ($D = 83\,\text{mm}$). Zuschlag schätzen und nachrechnen

$$D = 85\,\text{mm}; \quad \sigma = 78\,\text{N/mm}^2.$$

9-3 s. 9-1. I 180; $\quad \sigma = 79\,\text{N/mm}^2$.

9-4 Schnitt A: oben $\sigma = 13\,\text{N/mm}^2$; unten $\sigma = 176\,\text{N/mm}^2$;

Schnitt B: $\sigma = 125\,\text{N/mm}^2$. Der aufgeschweißte Flansch verstärkt nicht den Träger, sondern im Gegenteil wird durch die entstehende Exzentrizität Biegung eingeleitet, die zu einer schlechten Werkstoffausnutzung und damit zur Überbelastung führt.

9-5 $$\Delta x = \frac{a}{3}(k-1) = \frac{e}{6}; \quad \Delta F = 2F\frac{k-1}{1+6\dfrac{e}{a}} = 0{,}154F$$

Geringe Abweichungen von der Symmetrie führen zur starken Erhöhung der Spannung durch entstehende Biegemomente.

9-6 $$k = \frac{1}{2} + 3\frac{e}{a} = 6{,}5$$

Einseitige „Entlastung" führt durch das nicht mehr ausgeglichene Biegemoment zu wesentlich höheren Spannungen.

9-7 $$b = -\frac{F}{s\cdot\sigma} + \sqrt{\left(\frac{E}{s\cdot\sigma}\right)^2 + \frac{3F\cdot B}{s\cdot\sigma}} = 13\,\text{mm}$$

Biegung überwiegt: $b \approx \sqrt{\dfrac{3F\cdot B}{s\cdot\sigma}}$

9-8 $M_t = 0{,}819\,\text{kNm}$; Riemenzug $F_{res} = 16{,}2\,\text{kN}$; $M_b = 0{,}646\,\text{kNm}$; $\alpha_0 = 0{,}73$ für $\sigma_{bW} = 240\,\text{N/mm}^2$; $\tau_{tSch} = 190\,\text{N/mm}^2$; $d = 56\,\text{mm}$.

9-9 Resultierende Lagerkräfte $\quad F_B = 31{,}0\,\text{kN}; \quad F_C = 76{,}8\,\text{kN}.$

Stelle	0	2	3	5
M_b/kNm	1,80	2,48	6,15	7,19
M_t/kNm	0,845	4,22	4,22	19,0
d/mm	69	85	105	133

9-10 $\sigma_v = 52\,\text{N/mm}^2$

9-11 $\sigma = 47\,\text{N/mm}^2;\quad \tau = 23\,\text{N/mm}^2;\quad \sigma_v = 56\,\text{N/mm}^2.$

9-12 $\sigma = 23\,\text{N/mm}^2;\quad \tau = 16\,\text{N/mm}^2;\quad \sigma_v = 31\,\text{N/mm}^2.$

9-13 s. 8-9 $\sigma_v = \sigma_{max} = 90\,\text{N/mm}^2.$

9-14 s. 8-10 $\sigma_v = \sigma_{max} = 100\,\text{N/mm}^2.$

9-15 $\sigma_b = 131\,\text{N/mm}^2;\quad \tau = 11\,\text{N/mm}^2;\quad \sigma_v = 132\,\text{N/mm}^2.$

9-16 $W_b = 57,3\,\text{cm}^3;\quad W_t = 90,5\,\text{cm}^3.$

Stelle	1	2	3	4
$\sigma_b\,/\,\text{N/mm}^2$	105	122	107	134
$\tau_t\,/\,\text{N/mm}^2$	0	31	16	19
$\sigma_v\,/\,\text{N/mm}^2$	105	134	111	139

9-17 Strang 1 und 3 sind gleich belastet $\sigma_v = 51\,\text{N/mm}^2$. Im Strang 2 nur Biegung $\sigma_b = 53\,\text{N/mm}^2$.

9-18 $W_b = 125,5\,\text{cm}^3;\quad W_t = 251\,\text{cm}^3.$

Stelle	1	2	3	4	5
$\sigma_b\,/\,\text{N/mm}^2$	23	26	43	20	39
$\tau_t\,/\,\text{N/mm}^2$	0	7	7	23	23
$\sigma_v\,/\,\text{N/mm}^2$	23	29	45	45	56

9-19 Band 1 Gl. 11-6 mit $\tan(\alpha + \rho) = 0,15 \Rightarrow M_G = F \cdot d \cdot 0,075$ (1), mit $\tau = M_G/W_t \Rightarrow \tau = 0,382\,F/d^2$ (2).

$\sigma = F/A \Rightarrow \sigma = 1,27\,F/d^2$ (3). (2) und (3) in Gl. 9-4 mit $\sigma_v = 0,9 \cdot R_{p02} \Rightarrow F = 0,627 \cdot R_{p02} \cdot d^2 = 43\,\text{kN}$. Einsetzen in (1) $\Rightarrow M_G = 33,9\,\text{Nm}$; Reibungsmoment Schraubenkopf $M_K = 32,6\,\text{Nm}$. $M_A = 67\,\text{Nm}$.

9-20 s. 8-4 $\sigma_v = 575\,\text{N/mm}^2;\quad 90\,\%.$

Lösungen zu Kapitel 10

Hinweis: Um die in den Aufgabenstellungen stets vorgegebenen Bauteilfestigkeiten nachvollziehen zu können, ist die „FKM-Richtlinie: Rechnerischer Fertigkeitsnachweis für Maschinenbauteile", Frankfurt am Main: VDMA-Verlag, 2003, erforderlich.

10-1 Mit $B = 90\,\text{mm}$; $b = 80\,\text{mm}$; $t = 5\,\text{mm}$; $r = 2,5\,\text{mm}$; $b/B = 0,\overline{8}$ und $r/t = 0,5$ wird nach Tabelle 17G: $\alpha_{Kzd} = 3,4$ abgelesen, oder alternativ mit der Gleichung (Tabelle 17G):

$$\alpha_{Kzd} = 1 + \cfrac{1}{\sqrt{0,22 \cdot \dfrac{r}{t} + 1,7 \cdot \dfrac{r}{b} \cdot \left(1 + 2 \cdot \dfrac{r}{b}\right)^2}}$$

wird $\alpha_{Kzd} = 3,43$.

Mit der Nennspannung $\sigma_{zd} = \pm \dfrac{F}{b \cdot s} = \dfrac{12 \cdot 10^3\,\text{N}}{80\,\text{mm} \cdot 4\,\text{mm}} = \pm 37,5\,\text{N/mm}^2$ wird die maximale Zugspannung $\sigma_{zd\,max} = \alpha_{Kzd} \cdot \sigma_{zd} = \pm \underline{129\,\text{N/mm}^2}$.

10-2   Mit $d/D = 0,75$ und $r/t = 0,5$ und $r/d = 0,08\overline{3}$
wird nach Tabelle 17F: $\alpha_{Kt} = 1,4$; die Rechnung mit der Gleichung

$$\alpha_{Kt} = 1 + \cfrac{1}{\sqrt{3,4 \cdot \dfrac{r}{t} + 38 \cdot \dfrac{r}{d} \cdot \left(1 + 2 \cdot \dfrac{r}{d}\right)^2 + 1,0 \cdot \left(\dfrac{r}{t}\right)^2 \cdot \dfrac{d}{D}}}$$

aus Tabelle 17F liefert: $\alpha_{Kt} = 1,40$.

Mit der Nennspannung $\tau_t = \dfrac{M_t}{W_p} = \dfrac{2,5 \cdot 10^6\,\text{Nmm}}{42,412\,\text{mm}^3} = 59,0\,\text{N/mm}^2$ wird die maximale Torsionsspannung $\tau_{t\,max} = \alpha_{Kt} \cdot \tau_t = \underline{83\,\text{N/mm}^2}$.

10-3   Mit $d/D = 0,8$; $r/t = 0,5$ und $r/d = 0,063$ erhält man aus Tabelle 17A die Formzahl $\alpha_{Kzd} = 2,75$.

Für die Kerbwirkungszahl β_K wird das bezogene Spannungsverhältnis für Zug/Druck nach Tabelle 18 berechnet:

Für $t/d = 0,125 < 0,25$ wird $\varphi = 1/\left(4 \cdot \sqrt{t/r} + 2\right) = 0,31$.

Damit wird $\chi_\sigma = \dfrac{2}{r} \cdot (1 + \varphi) = 1,31\,\text{mm}^{-1}$.

Aus Tabelle 19 ist die dynamische Stützzahl zu $n_\chi = 1,20$ abzulesen.

Damit ist die Kerbwirkungszahl $\beta_{Kzd} = \dfrac{\alpha_{Kzd}}{n_\chi} = \dfrac{2,75}{1,20} = 2,29$.

Der Rauheitsfaktor bei $R_z = 50\,\mu\text{m}$ ist nach Tabelle 20: $K_{O\sigma} = 0,85$.

Der Größeneinflussfaktor ist für Zug/Druck nach Tabelle 21: $K_g = 1,0$.

Mit dem Faktor für die Randschichtverfestigung mit $K_V = 1$ wird der Konstruktionsfaktor

$$K_\sigma = \left(\dfrac{\beta_{Kzd}}{K_g} + \dfrac{1}{K_{O\sigma}} - 1\right) \cdot \dfrac{1}{K_V} = \left(\dfrac{2,29}{1,0} + \dfrac{1}{0,86} - 1\right) \cdot 1,0 = 2,45.$$

Die Bauteilwechselfestigkeit beträgt

$$\sigma_{WK} = \dfrac{\sigma_{zdW}}{K_\sigma} = \dfrac{220\,\text{N/mm}^2}{2,45} = 89,7\,\text{N/mm}^2.$$

Mit der Mittelspannung $\sigma_m = 0$ und dem Bauteil-Spannungsausschlag im

Kerbgrund $\sigma_{a,zd} = \dfrac{F}{A} = \dfrac{30 \cdot 10^3\,\text{N}}{804\,\text{mm}^2} = 37{,}3\,\text{N/mm}^2$ wird der Nachweis auf

Dauerfestigkeit geführt $S_D = \dfrac{\sigma_{AK,zd}}{\sigma_{a,zd}} = \dfrac{89{,}7\,\text{N/mm}^2}{37{,}3\,\text{N/mm}^2} = \underline{2{,}4 > 1{,}5}$.

10-4   Formzahl $\alpha_{Kb} = 1{,}95$ (Tabelle 17E) mit $d/D = 0{,}8\overline{3}$; $r/t = 0{,}5$; $r/d = 0{,}05$.

Das bezogene Spannungsverhältnis für Biegung beträgt nach Tabelle 18:

$$\chi_\sigma = \frac{2}{r} \cdot (1 + \varphi) = \frac{2}{r} \cdot \left(1 + \frac{1}{4 \cdot \sqrt{t/r} + 2}\right) = 0{,}65\,\text{mm}^{-1},$$

die dynamische Stützzahl $n_\chi = 1{,}15$ (Tabelle 19),

die Kerbwirkungszahl $\beta_{Kb} = \dfrac{\alpha_{Kb}}{n_\chi} = \dfrac{1{,}95}{1{,}15} = 1{,}70$,

der Rauheitsfaktor $K_{O\sigma} = 0{,}91$ ($R_z = 6{,}3\,\mu\text{m}$; Tabelle 20),

der Größeneinflussfaktor $K_g = 0{,}84$ (Biegung; Tabelle 21).

Konstruktionsfaktor

$$K_\sigma = \left(\frac{\beta_{Kb}}{K_g} + \frac{1}{K_{O\sigma}} - 1\right) \cdot \frac{1}{K_V} = \left(\frac{1{,}70}{0{,}84} + \frac{1}{0{,}91} - 1\right) \cdot 1{,}0 = 2{,}12.$$

Bauteilwechselfestigkeit $\sigma_{WK} = \dfrac{\sigma_{bW}}{K_\sigma} = \dfrac{290\,\text{N/mm}^2}{2{,}12} = 136{,}8\,\text{N/mm}^2$.

Mit der Mittelspannung $\sigma_m = 0$ und dem Bauteil-Spannungsausschlag im Kerbgrund

$$\sigma_{a,b} = \frac{M_b}{W_b} = \frac{3{,}8 \cdot 10^6\,\text{Nm}}{50{,}265 \cdot 10^3\,\text{mm}^3} = 75{,}6\,\text{N/mm}^2$$

wird die Sicherheit gegen Dauerbruch

$$S_D = \frac{\sigma_{AK,b}}{\sigma_{a,b}} = \frac{136{,}8\,\text{N/mm}^2}{75{,}6\,\text{N/mm}^2} = \underline{1{,}81 > 1{,}35}.$$

10-5   Nennspannungen: $\sigma_z = \dfrac{4 \cdot F_{stat}}{\pi \cdot d^2} = \dfrac{4 \cdot 240 \cdot 10^3\,\text{N}}{\pi \cdot 66^2\,\text{mm}^2} = 70{,}2\,\text{N/mm}^2$

$$\sigma_{zd} = \pm\frac{4 \cdot F_{dyn}}{\pi \cdot d^2} = \frac{4 \cdot 180 \cdot 10^3\,\text{N}}{\pi \cdot 66^2\,\text{mm}^2} = \pm 62{,}6\,\text{N/mm}^2$$

geforderte Sicherheiten: $S_F = 1{,}5$ (Tabelle 5A)

$$S_D = 1{,}35 \text{ (Tabelle 5C)}$$

1. Statischer Nachweis:

Maximalspannung (Nennspannung) $\sigma_{z\,max} = \sigma_z + \sigma_{zd} = 122{,}8\,\text{N/mm}^2$.

Für Zug-Druckbeanspruchung wird mit einer plastischen Stützzahl $n_{pl,zd} = 1$ gerechnet

$$S_F = \frac{R_e}{\sigma_{z\,max}} = \frac{340\,\text{N/mm}^2}{122{,}8\,\text{N/mm}^2} = \underline{2{,}7 > 1{,}5}.$$

2. Dauerfestigkeitsnachweis:

Formzahl $\alpha_{Kb} = 2{,}65$ (Tabelle 17A) mit $d/D = 0{,}91\overline{6}$; $r/t = 1$ und $r/d = 0{,}0\overline{45}$

bezogenes Spannungsverhältnis

$$\chi_\sigma = \frac{2}{r} \cdot \left(1 + \frac{1}{4 \cdot \sqrt{t/r} + 2}\right) = \frac{2}{3} \cdot 1{,}1\overline{6} = 0{,}78\,\text{mm}^{-1}$$

dynamische Stützzahl $n_\chi = 1{,}16$ (Tabelle 19)

Kerbwirkungszahl $\beta_{Kzd} = \dfrac{\alpha_{Kzd}}{n_\chi} = \dfrac{2{,}65}{1{,}16} = 2{,}28$

Rauheitsfaktor $K_{O\sigma} = 0{,}86$ (Tabelle 20)

Größeneinflussfaktor $K_g = 0{,}86$ (Tabelle 21)

Konstruktionsfaktor

$$K_\sigma = \left(\frac{\beta_{Kzd}}{K_g} + \frac{1}{K_{O\sigma}} - 1\right) \cdot \frac{1}{K_V} = \left(\frac{2{,}28}{0{,}86} + \frac{1}{0{,}86} - 1\right) \cdot 1{,}0 = 2{,}84.$$

Bauteilwechselfestigkeit $\sigma_{WK} = \dfrac{\sigma_{bW}}{K_\sigma} = \dfrac{280\,\text{N/mm}^2}{2{,}84} = 98{,}6\,\text{N/mm}^2$

Mittelspannungsempfindlichkeit

$$M_\sigma = a_M \cdot 10^{-3} \cdot \frac{R_m}{\text{MPa}} + b_M = 0{,}35 \cdot 10^{-3} \cdot \frac{600\,\text{MPa}}{\text{MPa}} - 0{,}1 = 0{,}11$$

(a_M; b_M; Tabelle 22)

Mittelspannung $\sigma_m = \sigma_z = 70{,}2\,\text{N/mm}^2$

Dauerfestigkeit nach Mittelspannungen für Überlastfall $\sigma_m = \text{konst.}$:

$$\sigma_{AK,b} = \sigma_{WK} - M_\sigma \cdot \sigma_m$$
$$= 98{,}6\,\text{N/mm}^2 - 0{,}11 \cdot 70{,}2\,\text{N/mm}^2 = 90{,}9\,\text{N/mm}^2$$

$$S_D = \frac{\sigma_{AK,zd}}{\sigma_{a,zd}} = \frac{90{,}9\,\text{N/mm}^2}{52{,}6\,\text{N/mm}^2} = \underline{1{,}7 > 1{,}35}.$$

Die Ergebnisse der Berechnung sind in das SMITH-Diagramm, Abb. L10-5, eingetragen.

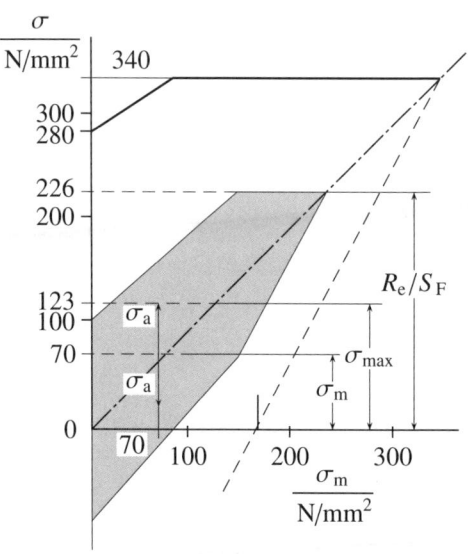

10-6   Sicherheitszahlen $S_F = 1{,}3$ (Tabelle 5A)
                          $S_D = 1{,}2$ (Tabelle 5C)

<u>1. Statischer Festigkeitsnachweis mit Traglastreserve:</u>

plastische Stützzahlen:

Biegung

$$n_{pl,b} = \sqrt{\frac{R_{p,\,max}}{R_e}}$$

$$= \sqrt{\frac{1050\,\text{N/mm}^2}{355\,\text{N/mm}^2}} = 1{,}72 > \alpha_p = 1{,}70 \Rightarrow n_{pl,b} = 1{,}70,$$

Schub $n_{pl,s} = 1$.

Bauteilfließgrenzen: $\sigma_{FK} = R_e \cdot n_{pl,b} = 355\,\text{N/mm}^2 \cdot 1{,}70 = 603\,\text{N/mm}^2$,
                          $\tau_{FK} = \tau_F = 254\,\text{N/mm}^2$.

Bauteilsicherheit (für Biegung und Schub nach Gestaltänderungsenergie-
hypothese)

$$S_F = \cfrac{1}{\sqrt{\left(\dfrac{\sigma_{bW}}{\sigma_{FK}}\right)^2 + 3 \cdot f_\tau^2 \cdot \left(\dfrac{\tau_{sW}}{\tau_{FK}}\right)^2}}$$

$$= \cfrac{1}{\sqrt{\left(\dfrac{68\,\text{N/mm}^2}{603\,\text{N/mm}^2}\right)^2 + 1 \cdot \left(\dfrac{45\,\text{N/mm}^2}{254\,\text{N/mm}^2}\right)^2}} = \underline{2{,}76 > 1{,}3}$$

mit $f_\tau = 1/\sqrt{3}$.

2. Dauerfestigkeitsnachweis (Ermüdungsfestigkeitsnachweis):

Formzahlen (Tabelle 17E) mit $d/D = 0{,}77$; $r/t = 0{,}\overline{3}$ und $r/d = 0{,}05$:
Biegung $\alpha_{Kb} = 2{,}05$
Schub $\alpha_{Ks} = 2{,}2$ (nach Vorgabe)

bezogenes Spannungsverhältnis (Tabelle 18):

$$\chi_\sigma = \frac{2{,}3}{r} \cdot \left(1 + \frac{1}{4 \cdot \sqrt{t/r} + 2}\right) = 1{,}28\,\text{mm}^{-1}$$

$$\chi_\tau = \frac{1{,}15}{r} = 0{,}58\,\text{mm}^{-1}$$

dynamische Stützzahlen (Tabelle 19): $n_{\chi\sigma} = 1{,}19$
$$n_{\chi\tau} = 1{,}14$$

Kerbwirkungszahlen: $\beta_K = \dfrac{\alpha_K}{n_\chi} \begin{cases} \beta_{Kb} = 1{,}82 \\ \beta_{Ks} = 1{,}93 \end{cases}$

Rauheitsfaktoren (Tabelle 20): $K_{O\sigma} = 0{,}88$
$$K_{O\tau} = 0{,}93$$

Größeneinflussfaktoren (Tabelle 21): $K_{g,b} = 0{,}89$
$$K_{g,s} = 1$$

$K_V = 1$ für nicht verfestigte Bauteile

Konstruktionsfaktoren: $K_\sigma = \left(\dfrac{\beta_K}{K_g} + \dfrac{1}{K_O} - 1\right) \cdot \dfrac{1}{K_V} \begin{cases} K_\sigma = 2{,}18 \\ K_\tau = 2{,}01 \end{cases}$

Die Bauteilwechselfestigkeit $\sigma_{WK} = \dfrac{\sigma_{bW}}{K_\sigma} = \dfrac{279\,\text{N/mm}^2}{2{,}18} = 128{,}0\,\text{N/mm}^2$

$$\tau_{WK} = \frac{\tau_{sW}}{K_\tau} = \frac{162\,\text{N/mm}^2}{2{,}0} = 81\,\text{N/mm}^2$$

Mittelspannung $\sigma_m = 0$; $\sigma_{WK} = \sigma_{AK}$; $\tau_{WK} = \tau_{AK}$

$$S_{D,GEH} = \cfrac{1}{\sqrt{\left(\cfrac{\sigma_{a,b}}{\sigma_{AK,b}}\right)^2 + 3f_\tau^2\left(\cfrac{\tau_{a,s}}{\tau_{AK,s}}\right)^2}}$$

$$= \cfrac{1}{\sqrt{\left(\cfrac{68\,\text{N/mm}^2}{128\,\text{N/mm}^2}\right)^2 + \left(\cfrac{45\,\text{N/mm}^2}{81\,\text{N/mm}^2}\right)^2}} = \underline{1,30 > 1,2}.$$

Zusatzrechnung: Für den Radius $r = 3\,\text{mm}$ wird $S_D = 1,42$; Erhöhung der rechnerischen Sicherheit um 9 %.

10-7   Nennspannungen: $\sigma_z = 19,5\,\text{N/mm}^2$
$\sigma_b = \pm 68,3\,\text{N/mm}^2$
$\tau_t = 44,5\,\text{N/mm}^2$
$\sigma_{max} = \sigma_z + \sigma_b = 87,8\,\text{N/mm}^2$

1. Statischer Festigkeitsnachweis:

$$S_F = \cfrac{1}{\sqrt{\left(\cfrac{\sigma_{max}}{\sigma_{bF}}\right)^2 + 3f_\tau^2 \cdot \left(\cfrac{\tau_t}{\tau_{tF}}\right)^2}}$$

$$= \cfrac{1}{\sqrt{\left(\cfrac{87,8\,\text{N/mm}^2}{510\,\text{N/mm}^2}\right)^2 + 1 \cdot \left(\cfrac{44,5\,\text{N/mm}^2}{206\,\text{N/mm}^2}\right)^2}} = \underline{3,62 > 1,5}.$$

2. Dynamischer Festigkeitsnachweis:

Formzahl $\alpha_{Kb} = 2,69$ (Tabelle 17B) mit $d/D = 0,897$; $r/t = 0,625$ und $r/d = 0,036$.

bezogenes Spannungsverhältnis (Tabelle 18):

$$\chi_\sigma = \frac{2}{r} \cdot \left(1 + \frac{1}{4 \cdot \sqrt{t/r} + 2}\right) = 0,91\,\text{mm}^{-1}$$

dynamische Stützzahl (Tabelle 19): $n_\chi = 1,18$

Kerbwirkungszahl: $\beta_{Kb} = \dfrac{\alpha_{Kb}}{n_\chi} = 2,28$

Rauheitsfaktor (Tabelle 20): $K_{O\sigma} = 0,95$

Größeneinflussfaktor (Tabelle 21): $K_{g,b} = 0,85$

Oberflächenhärtung $K_V = 1,5$

Konstruktionsfaktoren: $K_\sigma = \left(\dfrac{\beta_{Kb}}{K_{gb}} + \dfrac{1}{K_{O\sigma}} - 1 \right) \cdot \dfrac{1}{K_V} = 1,82$

Die Bauteilwechselfestigkeit $\sigma_{WK} = \dfrac{\sigma_{bW}}{K_\sigma} = \dfrac{206\,\text{N/mm}^2}{1,82} = 113,2\,\text{N/mm}^2$

Mittelspannungsempfindlichkeit:

$$M_\sigma = a_M \cdot 10^{-3} \cdot \dfrac{R_m}{\text{MPa}} + b_M = 0,081 \quad (a_M; b_M; \text{ Tabelle 22})$$

Mittelspannung $\sigma_m = \sigma_z = 19,5\,\text{N/mm}^2$

Dauerfestigkeit nach Mittelspannungen für Überlastfall $\sigma_m = \text{konst.}$:

$\sigma_{AK,b} = \sigma_{WK} - M_\sigma \cdot \sigma_m = 111,7\,\text{N/mm}^2$.

$S_D = \dfrac{\sigma_{AK,b}}{\sigma_{ab}} = 1,79 > 1,35$.

Lösungen zu Kapitel 11

11-1 Ansatz: $\sum F = 0$; Symmetrie; HOOKE; Geometrie $\Delta l_2 = \Delta l_1 + s$

$$S_1 = S_3 = \dfrac{1}{3} \left(m \cdot g - \dfrac{s \cdot AE}{l} \right) = 0,63\,\text{kN}$$

$$S_2 = \dfrac{1}{3} \left(m \cdot g + \dfrac{2s \cdot AE}{l} \right) = 1,68\,\text{kN}$$

Geringe Abweichung vom Sollmaß führt zu stark unterschiedlicher Belastung.

11-2 Ansatz: $\sum F = 0$; $\sum M = 0$; HOOKE;

Geometrie $\quad \Delta l_2 = \Delta l_1 + a \cdot \tan\beta$, $\quad \Delta l_3 = \Delta l_1 + 3a \cdot \tan\beta$

$S_1 = 1,43\,\text{kN}$; $\quad S_2 = 1,61\,\text{kN}$; $\quad S_3 = 1,96\,\text{kN}$;

$\Delta l_1 = 1,36\,\text{mm}$; $\quad \Delta l_2 = 1,53\,\text{mm}$; $\quad \Delta l_3 = 1,87\,\text{mm}$;

$\tan\beta = 1,13 \cdot 10^{-4}$

11-3 Geometrie $\Delta l_1 / \sin\beta = \Delta l_2$ schräge Seile bleiben bei Verlagerung zur Ausgangslage parallel.

$$S = \dfrac{m \cdot g}{1 + 2\dfrac{l_1}{l_2}} = 2,14\,\text{kN}; \quad \sin\beta = \dfrac{l_1}{l_2}; \quad \beta = 42°$$

11-4 $S = 0,375\, m \cdot g$; $\quad F_D = 0,25\, m \cdot g$; $\quad l_2 = 3l_1$; $\quad \text{B-C} = 2,0\,\text{m}$.

11-5 Geometrie: $e + \Delta l_4 = \Delta l_1 + \Delta l_2$; HOOKE;

Statik: $F_1 = F_2$; $F_1 + F_4 = F$

$$F = \frac{e \cdot E + \dfrac{F_4 \cdot l_4}{A_4}}{\dfrac{l_1}{A_1} + \dfrac{l_2}{A_2}} + F_4 = 139\,\text{kN}; \quad s = e + \Delta l_4 + \Delta l_3 = 0,54\,\text{mm}$$

11-6 $q \cdot l = F$; $F_A = F/24$; $F_B = 11F/16$; $F_C = 13F/48$

11-7 $F_B = \dfrac{6}{7}F$

11-8 $F_{Ax} = 0{,}375F(\leftarrow)$; $F_{Ay} = 0{,}25F(\uparrow)$

11-9 $F_{By} = \dfrac{21}{46}F$

11-10 $F_B = \dfrac{5}{16}F - \dfrac{3EI \cdot s}{8a^3} = 4{,}16\,\text{kN}$; $56\,\%$

11-11 $F_B = 467\,\text{kN}$; $66\,\%$

11-12   Auflagerkraft $F_B = c \cdot w_B$ einführen. Federkonstante Querträger aus $c = F/w$ oder nach Tabelle 11: $c = 48EI/l^3$

Index 1 Hauptträger;   Index 2 Querträger

$$F_B = \frac{3q\,l_1}{\dfrac{1}{2}\dfrac{I_1}{I_2}\left(\dfrac{l_2}{l_1}\right)^3 + 8} = 20{,}6\,\text{kN}; \quad M_A = 118\,\text{kNm}$$

11-13 $F_A = 12{,}4\,\text{kN}$; $F_B = 20{,}3\,\text{kN}$; $F_C = -2{,}6\,\text{kN}$; $M_{\text{bmax}} = 2{,}47\,\text{kNm}$.

Lösungen zu Kapitel 12

12-1 $\sigma_{\text{Chr}} = E_{\text{Chr}} \cdot \Delta\alpha \cdot \Delta t = 91 \, \text{N/mm}^2$

Rissgefahr, Verminderung der Dauerfestigkeit möglich.

12-2 $\Delta t = \dfrac{\Delta d}{d \cdot \alpha} = 73°\,\text{C}; \quad \sigma = E\dfrac{\Delta d}{d} = 168\,\text{N/mm}^2$

12-3 $\sigma = E \cdot \alpha \cdot \Delta t = 116\,\text{N/mm}^2$

12-4 Ansatz: $F_1 + F_2 = F; \quad \Delta l_{1\text{el}} + \Delta l_{1\text{th}} = \Delta l_{2\text{el}} + \Delta l_{2\text{th}}$

$A_1 E_1 / A_2 E_2 = K; \quad \Delta\alpha = \alpha_2 - \alpha_1$

$$F_1 = \frac{F \cdot K + A_1 E_1 \cdot \Delta t \cdot \Delta\alpha}{1 + K}$$

$$F_2 = \frac{F - A_1 E_1 \cdot \Delta t \cdot \Delta\alpha}{1 + K}$$

Vor der Erwärmung ($\Delta t = 0$) $\qquad F_1 = 7{,}41\,\text{kN}; \qquad F_2 = 4{,}59\,\text{kN}.$
Nach der Erwärmung $\qquad\qquad\quad F_1 = 11{,}4\,\text{kN}; \qquad F_2 = 0{,}6\,\text{kN}.$

Durch die größere Dehnung des Kupferstabes wird dieser fast völlig entlastet, während der Stahlstab zusätzlich belastet wird.

12-5 Ansatz: $\Delta l_{1\text{th}} + \Delta l_{2\text{th}} - e = \Delta l_{\text{el}1} + \Delta l_{\text{el}2}; \quad \sigma_1 = \sigma_2$

$$\sigma = \frac{\Delta t(\alpha_1 + \alpha_2) - \dfrac{e}{l}}{\dfrac{1}{E_1} + \dfrac{1}{E_2}} = 50\,\text{N/mm}^2$$

12-6 $\sigma = 19\,\text{N/mm}^2$

12-7 $n = \dfrac{1}{d \cdot \pi} \sqrt{\dfrac{8 \cdot \sigma}{\rho(3 + \mu)}} = 93{,}2\,\text{s}^{-1}$

12-8 $n = \dfrac{1}{d \cdot \pi} \sqrt{\dfrac{4 \cdot \sigma}{\rho(3 + \mu)}} = 65{,}9\,\text{s}^{-1}$

Herabsetzung der Festigkeit durch Innenbohrung.

12-9   HH: $\sigma_{\mathrm{v}} = 50\,\mathrm{N/mm^2}$;   GEH: $\sigma_{\mathrm{v}} = 43\,\mathrm{N/mm^2}$

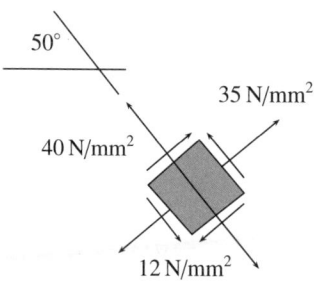

Abb. L 12-9

12-10 $\sigma_{\mathrm{v}} = 89\,\mathrm{N/mm^2}$

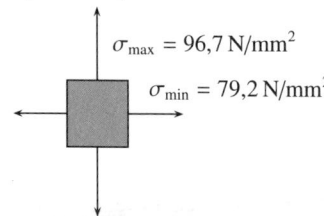

Abb. L 12-10

12-11   Durch Innendruck verursacht

$\sigma_{\mathrm{t}} = 75\,\mathrm{N/mm^2}$; $\sigma_{\mathrm{a}} = 37,5\,\mathrm{N/mm^2}$

Querschnitt 1   Querschnitt 2
$\sigma_{\mathrm{max}} = 119\,\mathrm{N/mm^2}$ Von oben auf Teilelement geschaut
                               $\sigma_{\mathrm{max}} = 120\,\mathrm{N/mm^2}$

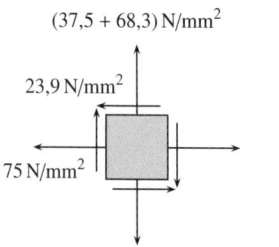 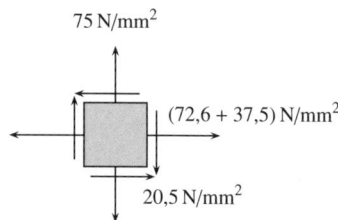

Abb. L 12-11

12-12   Innendruck $\sigma_t = 40\,\text{N/mm}^2$; $\sigma_a = 20\,\text{N/mm}^2$;
             Biegung $\sigma_b = 21{,}7\,\text{N/mm}^2$
             Torsion $\tau_t = 12{,}4\,\text{N/mm}^2$; $\sigma_v = 46\,\text{N/mm}^2$
             Teilelement s. 8-11

12-13   Gl. 12-13; $p = 7{,}3\,\text{N/mm}^2 \Rightarrow$ Normalkraft Ring/Welle

$$F_n = p \cdot d \cdot \pi \cdot b = 41{,}2\,\text{kN} \Rightarrow F_R = \mu \cdot F_n \Rightarrow M = 250\,\text{Nm}.$$

Tabellenanhang

Tabelle 1: Werkstoffeigenschaften

	Deformation	Verhalten nach Entlastung	Beispiele
elastisch	Eine Vergrößerung der Dehnung erfordert eine Erhöhung der Spannung	Körper nimmt ursprüngliche Form an	Stahl bis $R_{p0,01}$-Grenze, viele Metalle im elastischen Bereich
plastisch	bei etwa gleichbleibender Spannung Zunahme der Dehnung	Körper bleibt deformiert	Stahl im Zustand des Fließens, Bitumen, Asphalt, Blei, Knetmasse

	Arbeitsvermögen	Bruchdehnung	Deformation	Beispiele
zäh	groß	groß	anfangs elastisch, bei höheren Spannungen plastisch (Fließen); Einschnürung bei Zugversuch	weicher Stahl
spröde	klein	klein	keine plastische Deformation (Fließen), keine Einschnürung bei Zugversuch	gehärteter Stahl, Gusseisen, Stein, Beton, Glas, Keramik, weicher Stahl in sehr kaltem Zustand bei Schlagbeanspruchung

Tabelle 2: Elastizitätsmodul verschiedener Werkstoffe

	E-Modul N/mm^2	G-Modul N/mm^2
Stahl	$2,1 \cdot 10^5$	$8 \cdot 10^4$
EN-GJL-100	$0,75 \cdot 10^5$	$3,0 \cdot 10^4$
EN-GJL-200	$1,2 \cdot 10^5$	$4,9 \cdot 10^4$
Kupfer	$1,3 \cdot 10^5$	–
Aluminium	$0,72 \cdot 10^5$	$2,6 \cdot 10^4$
Beton (Druck)	$0,3 \cdot 10^5$	–
Bronze	$1,16 \cdot 10^5$	–
Holz *)	$(0,11 - 0,13) \cdot 10^5$	–
Holz **)	$(3 - 10) \cdot 10^2$	–

*) In Faserrichtung
**) Senkrecht zur Faserrichtung

Tabelle 3: Zulässige Spannungen nach BACH in N/mm^2

I   ruhende Belastung
II   schwellende Belastung
III   wechselnde Belastung

Festigkeitswerte (Mindestwerte)			S 235	E 295	E 360
	R_e		... 235 ...	... 295 ...	... 360 ...
	R_m		340 ... 470	470 ... 610	670 ... 830
	σ_{bW}		... 170 ...	... 240 ...	... 330 ...
	τ_{tW}		... 120 ...	... 150 ...	... 190 ...
Zug $\sigma_{z\,zul}$	....	I	100 ... 150	140 ... 210	210 ... 310
	....	II	65 ... 95	90 ... 135	135 ... 200
	....	III	45 ... 70	65 ... 95	90 ... 140
Druck $\sigma_{d\,zul}$	....	I	100 ... 150	140 ... 210	210 ... 310
	....	II	65 ... 95	90 ... 135	135 ... 200
	....	III	45 ... 70	65 ... 95	90 ... 140
Biegung $\sigma_{b\,zul}$	....	I	110 ... 165	150 ... 220	230 ... 345
	....	II	70 ... 105	100 ... 150	150 ... 220
	....	III	50 ... 75	70 ... 105	105 ... 125
Verdrehung $\tau_{t\,zul}$	....	I	65 ... 95	85 ... 125	125 ... 190
	....	II	40 ... 60	55 ... 85	80 ... 125
	....	III	30 ... 45	40 ... 60	60 ... 90

Hinweis: Es handelt sich hier um Anhaltswerte. Diese sollen Benutzern ohne Erfahrung ermöglichen, einfache Dimensionierungsaufgaben zu lösen. Grundsätzlich wird empfohlen, aus Werkstofftabellen Grenzspannungen zu entnehmen und unter Beachtung der vorliegenden Umstände eine Sicherheitszahl festzulegen.

Tabelle 4: Bezeichnung der Festigkeiten bei unterschiedlicher Beanspruchung

	Zug	Druck	Biegung	Torsion
Bruchfestigkeit bei ruhender Belastung	Zugfestigkeit R_m	Druckfestigkeit σ_{dB}	Biegefestigkeit σ_{bB}	Verdrehfestigkeit τ_{tB}
Fließgrenze bei ruhender Belastung	Streckgrenze R_e $R_{p0,2}$	Quetschgrenze σ_{dF} $\sigma_{d0,01}$	Biegegrenze σ_{bF}	Verdrehgrenze τ_{tF}
Dauerschwing-festigkeit	σ_{zD}	σ_{dD}	σ_{bD}	τ_{tD}
Schwellfestigkeit	$\sigma_{z\,Sch}$	$\sigma_{d\,Sch}$	$\sigma_{b\,Sch}$	$\tau_{t\,Sch}$
Wechselfestigkeit	σ_{zdW}		σ_{bW}	τ_{tW}

Tabellen 5: Sicherheitszahlen im allgemeinen Maschinenbau nach FKM-Richtlinie

Tabelle 5A: Sicherheitszahlen für Walzstahl und Aluminium-Knetlegierungen

duktile Werkstoffe $A_5 \geq 12,5\,\%$ St AW-Al		S_F		S_B	
		Schadensfolgen		Schadensfolgen	
		hoch	gering	hoch	gering
Wahrscheinlichkeit des Auftretens der Spannung oder Spannungskombination	hoch	1,5	1,3	2,0	1,75
	gering	1,35	1,2	1,8	1,6

Tabelle 5B: Sicherheitszahlen für Stahlguss und Eisengusswerkstoff mit Kugelgraphit

duktile Werkstoffe $A_5 \geq 12{,}5\,\%$ GS GJS		nicht zerstörungsfrei geprüft				zerstörungsfrei geprüft			
		S_F		S_B		S_F		S_F	
		Schadensfolgen				Schadensfolgen			
		hoch	gering	hoch	gering	hoch	gering	hoch	gering
Wahrscheinlichkeit des Auftretens der Spannung oder Spannungskombination	hoch	2,1	1,8	2,8	2,45	1,9	1,65	2,5	2,2
	gering	1,9	1,65	2,25	2,2	1,7	1,5	2,25	2,0

Tabelle 5C: Sicherheitszahlen für den Ermüdungsfestigkeitsnachweis für Walzstahl und Aluminium-Knetlegierungen

duktile Werkstoffe $A_5 \geq 12{,}5\,\%$ St AW-Al		S_D	
		Schadensfolgen	
		hoch	gering
Inspektionen	nichtregelmäßig	1,5	1,3
	regelmäßig	1,35	1,2

Tabelle 5D: Sicherheitszahlen für den Ermüdungsfestigkeitsnachweis für Eisengussstoffe und Kugelgraphit

duktile Werkstoffe $A_5 \geq 12{,}5\,\%$ GS GJS		nicht zerstörungsfrei geprüft		zerstörungsfrei geprüft	
		S_D		S_D	
		Schadensfolgen		Schadensfolgen	
		hoch	gering	hoch	gering
Inspektionen	nichtregelmäßig	2,1	1,8	1,9	1,65
	regelmäßig	1,9	1,7	1,7	1,5

Tabelle 6: Verhältnis von Streckgrenze und Zugfestigkeit

Werkstoff	C-Stahl	Leg. Stahl	Stahlguss	Leichtmetalle
R_e/R_m	0,55–0,65	0,7–0,8	$\approx 0{,}5$	0,45–0,65

Tabelle 7: Zulässige Abscherspannungen

	Stahl u. seine Legierungen	Grauguss	Bronze, Messing	Leichtmetalle
$\tau_{a\,zul}$	$\sim 0{,}8\sigma_{z\,zul}$	$\sim \sigma_{z\,zul}$	$\sim 0{,}8\sigma_{z\,zul}$	$\sim 0{,}6\sigma_{z\,zul}$
	$\sigma_{z\,zul}$ siehe z.B. Tabelle 3			

Tabelle 8: Voraussetzungen für die Gültigkeit der Biegegleichung

		Die Grundgleichung der Biegung $\sigma = \dfrac{M_\mathrm{b}}{W}$ gilt unter folgenden Voraussetzungen		$\sigma = \dfrac{M_\mathrm{b}}{W}$ gilt nicht
1	lineare Spannungsverteilung	Balken gerade Balken leicht gekrümmt		
2			keine Kerbwirkung	
3			keine Krafteinleitung in der Nähe	
4			Werkstoff deformiert sich nach dem HOOKEschen Gesetz	
5			$\sigma_\mathrm{max} < \sigma_\mathrm{P}$	
6			$E_\mathrm{Zug} = E_\mathrm{Druck}$	
7	Beanspruchung nur auf Biegung		$l \gg h$	
8			kein Kippen und Beulen	
9	$\sum M = 0$ für alle Achsen		Belastung in Richtung Hauptachse	
10	Belastung durch äußere Kräfte		Werkstoff im unbelasteten Zustand spannungsfrei	
11	keine Massenkräfte		keine Stoßbelastung	

Tabelle 9: Flächen- und Widerstandsmomente geometrischer Grundfiguren

Flächenform	Flächenmomente	Widerstandsmomente
	$I_y = I_z = \dfrac{\pi d^4}{64} \approx 0{,}05d^4$ $= \dfrac{Ad^2}{16}$	$W_y = W_z = \dfrac{\pi d^3}{32} \approx 0{,}1d^3$ $= \dfrac{Ad}{8}$
	$I_y = \dfrac{bh^3}{12} = \dfrac{Ah^2}{12}$ $I_u = \dfrac{bh^3}{3} = \dfrac{Ah^2}{3}$ Rechteck: $I_z = \dfrac{b^3h}{12} = \dfrac{Ab^2}{12}$	Rechteck: $W_y = \dfrac{bh^2}{6} = \dfrac{Ah}{6}$ $W_z = \dfrac{b^2h}{6} = \dfrac{Ab}{6}$
	$I_y = I_z = I_u = I_v = \dfrac{a^4}{12}$ $= \dfrac{Aa^2}{12}$	$W_y = W_z = \dfrac{a^3}{6}$ $= \dfrac{Aa}{6}$
	$I_y = \dfrac{bh^3}{36} = \dfrac{Ah^2}{18}$ $I_u = \dfrac{bh^3}{12} = \dfrac{Ah^2}{6}$	$W_y = \dfrac{bh^2}{24} = \dfrac{Ah}{12}$

Tabelle 10A: Berechnungsgrundlagen für warmgewalzte Stähle

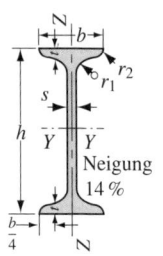

Warmgewalzte I-Träger

← **schmale I-Träger**　|　**I-Breitflanschträger** →
(I-Reihe)　|　Reihe HE-B (IPB-Reihe)

S_y = Statisches Moment des halben Querschnitts

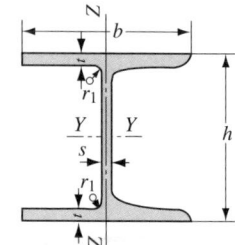

Kurz-zeichen	Abmessungen in mm						Quer-schnitt	Masse	Für die Biegeachse						
									$Y-Y$			$Z-Z$			
I	h	b	s	t	r_1	r_2	A cm²	m kg/m	I_y cm⁴	W_y cm³	i_y cm	I_z cm⁴	W_z cm³	i_z cm	S_y cm³
Schmale I-Träger (I-Reihe)															
80	80	42	3,9	5,9	3,9	2,3	7,58	5,95	77,8	19,5	3,20	6,29	3,00	0,91	11,4
100	100	50	4,5	6,8	4,5	2,7	10,6	8,32	171	34,2	4,01	12,2	4,88	1,07	19,9
120	120	58	5,1	7,7	5,1	3,1	14,2	11,2	328	54,7	4,81	21,5	7,41	1,23	31,8
140	140	66	5,7	8,6	5,7	3,4	18,3	14,4	573	81,9	5,61	35,2	10,7	1,40	47,7
160	160	74	6,3	9,5	6,3	3,8	22,8	17,9	935	117	6,40	54,7	14,8	1,55	68,0
180	180	82	6,9	10,4	6,9	4,1	27,9	21,9	1450	161	7,20	81,3	19,8	1,71	93,4
200	200	90	7,5	11,3	7,5	4,5	33,5	26,3	2140	214	8,00	117	26,0	1,87	125
220	220	98	8,1	12,2	8,1	4,9	39,6	31,1	3060	278	8,80	162	33,1	2,02	162
240	240	106	8,7	13,1	8,7	5,2	46,1	36,2	4250	354	9,59	221	41,7	2,20	206
260	260	113	9,4	14,1	9,4	5,6	53,4	41,9	5740	442	10,4	288	51,0	2,32	257
280	280	119	10,1	15,2	10,1	6,1	61,1	48,0	7590	542	11,1	364	61,2	2,45	316
300	300	125	10,8	16,2	10,8	6,5	69,1	54,2	9800	653	11,9	451	72,2	2,56	381
320	320	131	11,5	17,3	11,5	6,9	77,8	61,0	12510	782	12,7	555	84,7	2,67	457
340	340	137	12,2	18,3	12,2	7,3	86,8	68,1	15700	923	13,5	674	98,4	2,80	540
360	360	143	13,0	19,5	13,0	7,8	97,1	76,2	19610	1090	14,2	818	114	2,90	638
380	380	149	13,7	20,5	13,7	8,2	107	84,0	24010	1260	15,0	975	131	3,02	741
400	400	155	14,4	21,6	14,4	8,6	118	92,6	29210	1460	15,7	1160	149	3,13	857
425	425	163	15,3	23,0	15,3	9,2	132	104	36970	1740	16,7	1440	176	3,30	1020
450	450	170	16,2	24,3	16,2	9,7	147	115	45860	2040	17,7	1730	203	3,43	1200
475	475	178	17,1	25,6	17,1	10,3	163	128	56480	2380	18,6	2090	235	3,60	1400
500	500	185	18,0	27,0	18,0	10,8	180	141	68740	2750	19,6	2480	268	3,72	1620
550	550	200	19,0	30,0	19,0	11,9	213	167	99180	3610	21,6	3490	349	4,02	2120
600	600	215	21,6	32,4	21,6	13,0	254	199	139000	4630	23,4	4670	434	4,30	2730
I-Breitflanschträger mit parallelen Flanschflächen (IPB-Reihe)															
100	100	100	6	10	12		26,0	20,4	450	89,9	4,16	167	33,5	2,53	52,1
120	120	120	6,5	11	12		34,0	26,7	864	144	5,04	318	52,9	3,06	82,6
140	140	140	7	12	12		43,0	33,7	1510	216	5,93	550	78,5	3,58	123
160	160	160	8	13	15		54,3	42,6	2490	311	6,78	889	111	4,05	177
180	180	180	8,5	14	15		65,3	51,2	3830	426	7,66	1360	151	4,57	241
200	200	200	9	15	18		78,1	61,3	5700	570	8,54	2000	200	5,07	321
220	220	220	9,5	16	18		91,0	71,5	8090	736	9,43	2840	258	5,59	414
240	240	240	10	17	21		106	83,2	11260	938	10,3	3920	327	6,08	527
260	260	260	10	17,5	24		118	93,0	14920	1150	11,2	5130	395	6,58	641
280	280	280	10,5	18	24		131	103	19270	1380	12,1	6590	471	7,09	767
300	300	300	11	19	27		149	117	25170	1680	13,0	8560	571	7,58	934
320	320	300	11,5	20,5	27		161	127	30820	1930	13,8	9240	616	7,57	1070
340	340	300	12	21,5	27		171	134	36660	2160	14,6	9690	646	7,53	1200
360	360	300	12,5	22,5	27		181	142	43190	2400	15,5	10140	676	7,49	1340
400	400	300	13,5	24	27		198	155	57680	2880	17,1	10820	721	7,40	1620
450	450	300	14	26	27		218	171	79890	3550	19,1	11720	781	7,33	1990
500	500	300	14,5	28	27		239	187	107200	4290	21,2	12620	842	7,27	2410

Tabelle 10B: Berechnungsgrundlagen für warmgewalzte Stähle

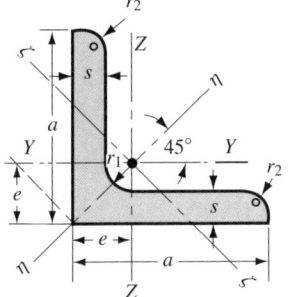

**Warmgewalzter
gleichschenkliger rundkantiger Winkelstahl**

Abmessungen in mm			Quer- schnitt	Masse		Für die Biegeachse							
						$Y-Y = Z-Z$			$\eta-\eta$		$\zeta-\zeta$		
a	s	r_1	A cm^2	m kg/m	e cm	I_y cm^4	W_y cm^3	i_y cm	I_η cm^4	i_η cm	I_ζ cm^4	W_ζ cm^3	i_ζ cm
20	3	3,5	1,12	0,88	0,60	0,39	0,28	0,59	0,62	0,74	0,15	0,18	0,37
	4		1,45	1,14	0,64	0,48	0,35	0,58	0,77	0,73	0,19	0,21	0,36
25	3	3,5	1,42	1,12	0,73	0,79	0,45	0,75	1,27	0,95	0,31	0,30	0,47
	4		1,85	1,45	0,76	1,01	0,58	0,74	1,61	0,93	0,40	0,37	0,47
	5		2,26	1,77	0,80	1,18	0,69	0,72	1,87	0,91	0,50	0,44	0,47
30	3	5	1,74	1,36	0,84	1,41	0,65	0,90	2,24	1,14	0,57	0,48	0,57
	4		2,27	1,78	0,89	1,81	0,86	0,89	2,85	1,12	0,76	0,61	0,58
	5		2,78	2,18	0,92	2,16	1,04	0,88	3,41	1,11	0,91	0,70	0,57
35	4	5	2,67	2,10	1,00	2,96	1,18	1,05	4,68	1,33	1,24	0,88	0,68
	5		3,28	2,57	1,04	3,56	1,45	1,04	5,63	1,31	1,49	1,10	0,67
	6		3,87	3,04	1,08	4,14	1,71	1,04	6,50	1,30	1,77	1,16	0,68
40	4	6	3,08	2,42	1,12	4,48	1,56	1,21	7,09	1,52	1,86	1,18	0,78
	5		3,79	2,97	1,16	5,43	1,91	1,20	8,64	1,51	2,22	1,35	0,77
	6		4,48	3,52	1,20	6,33	2,26	1,19	9,98	1,49	2,67	1,57	0,77
45	5	7	4,30	3,38	1,28	7,83	2,43	1,35	12,4	1,70	3,25	1,70	0,87
	7		5,86	4,60	1,36	10,4	3,31	1,33	16,4	1,67	4,39	2,29	0,87
50	5	7	4,80	3,77	1,40	11,0	3,05	1,51	17,4	1,90	4,59	2,32	0,98
	6		5,69	4,47	1,45	12,8	3,61	1,50	20,4	1,89	5,24	2,57	0,96
	7		6,56	5,15	1,49	14,6	4,15	1,49	23,1	1,88	6,02	2,85	0,96
	9		8,24	6,47	1,56	17,9	5,20	1,47	28,1	1,85	7,67	3,47	0,97
55	6	8	6,31	4,95	1,56	17,3	4,40	1,66	27,4	2,08	7,24	3,28	1,07
	8		8,23	6,46	1,64	22,1	5,72	1,64	34,8	2,06	9,35	4,03	1,07
	10		10,01	7,90	1,72	26,3	6,97	1,62	41,4	2,02	11,3	4,65	1,06
60	6	8	6,91	5,42	1,69	22,8	5,29	1,82	36,1	2,29	9,43	3,95	1,17
	8		9,03	7,09	1,77	29,1	6,88	1,80	46,1	2,26	12,1	4,84	1,16
	10		11,1	8,69	1,85	34,9	8,41	1,78	55,1	2,23	14,6	5,57	1,15
65	7	9	8,70	6,83	1,85	33,4	7,18	1,96	53,0	2,47	13,8	5,27	1,26
	9		11,0	8,62	1,93	41,3	9,04	1,94	65,4	2,44	17,2	6,30	1,25
	11		13,2	10,3	2,00	48,8	10,8	1,91	76,8	2,42	20,7	7,31	1,25
70	7	9	9,40	7,38	1,97	42,4	8,43	2,12	67,1	2,67	17,6	6,31	1,37
	9		11,9	9,34	2,05	52,6	10,6	2,10	83,1	2,64	22,0	7,59	1,36
	11		14,3	11,2	2,13	61,8	12,7	2,08	97,6	2,61	26,0	8,64	1,35

Tabelle 10C: Berechnungsgrundlagen für warmgewalzte Stähle

Warmgewalzter rundkantiger [-Stahl

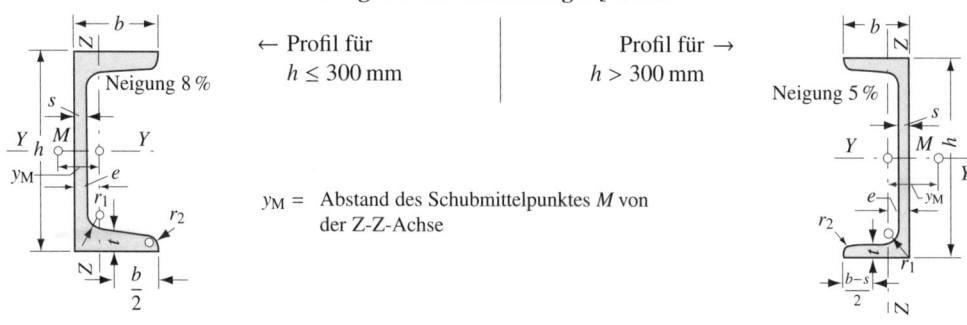

← Profil für
$h \leq 300\,\text{mm}$

Profil für →
$h > 300\,\text{mm}$

Neigung 8 %

Neigung 5 %

y_M = Abstand des Schubmittelpunktes M von der Z-Z-Achse

Kurz-zeichen	Abmessungen in mm						Quer-schnitt	Masse			Für die Biegeachse					
											$Y-Y$			$Z-Z$		
[	h	b	s	t	r_1	r_2	A cm²	m kg/m	e cm	y_m cm	I_y cm⁴	W_y cm³	i_y cm	I_z cm⁴	W_z cm³	i_z cm
30×15	30	15	4	4,5	4,5	2	2,21	1,74	0,52	0,74	2,53	1,69	1,07	0,38	0,39	0,42
30	30	33	5	7	7	3,5	5,44	4,27	1,31	2,22	6,39	4,26	1,08	5,33	2,68	0,99
40×20	40	20	5	5	5	2,5	3,51	2,75	0,65	0,98	7,26	3,63	1,44	1,06	0,78	0,55
40	40	35	5	7	7	3,5	6,21	4,87	1,33	2,32	14,1	7,05	1,50	6,68	3,08	1,04
50×25	50	25	6	6,5	6,5	3	5,50	4,32	0,82	1,26	18,0	7,18	1,81	2,94	1,75	0,73
50	50	38	5	5	7	3,5	7,12	5,59	1,37	2,47	26,4	10,6	1,92	9,12	3,75	1,13
60×30	60	30	6	6	6	3	6,46	5,07	0,91	1,50	31,6	10,5	2,21	4,51	2,16	0,84
65	65	42	5,5	7,5	7,5	4	9,03	7,09	1,42	2,60	57,5	17,7	2,52	14,1	5,07	1,25
80	80	45	6	8	8	4	11,0	8,64	1,45	2,67	106	26,5	3,10	19,4	6,36	1,33
100	100	50	6	8,5	8,5	4,5	13,5	10,6	1,55	2,93	206	41,2	3,91	29,3	8,49	1,47
120	120	55	7	9	9	4,5	17,0	13,4	1,60	3,03	364	60,7	4,62	43,3	11,1	1,59
140	140	60	7	10	10	5	20,4	16,0	1,75	3,37	605	86,4	5,45	62,7	14,8	1,75
160	160	65	7,5	10,5	10,5	5,5	24,0	18,8	1,84	3,56	925	116	6,21	85,3	18,3	1,89
180	180	70	8	11	11	5,5	28,0	22,0	1,92	3,75	1350	150	6,95	114	22,4	2,02
200	200	75	8,5	11,5	11,5	6	32,2	25,3	2,01	3,94	1910	191	7,70	148	27,0	2,14
220	220	80	9	12,5	12,5	6,5	37,4	29,4	2,14	4,20	2690	245	8,48	197	33,6	2,30
240	240	85	9,5	13	13	6,5	42,3	33,2	2,23	4,39	3600	300	9,22	248	39,6	2,42
260	260	90	10	14	14	7	48,3	37,9	2,36	4,66	4820	371	9,99	317	47,7	2,56
280	280	95	10	15	15	7,5	53,3	41,8	2,53	5,02	6280	448	10,9	399	57,2	2,74
300	300	100	10	16	16	8	58,8	46,2	2,70	5,41	8030	535	11,7	495	67,8	2,90
320	320	100	14	17,5	17,5	8,75	75,8	59,5	2,60	4,82	10870	679	12,1	597	80,6	2,81
350	350	100	14	16	16	8	77,3	60,6	2,40	4,45	12840	734	12,9	570	75,0	2,72
380	380	102	13,34	16	16	11,2	79,7	62,6	2,35	5,43	15730	826	14,1	613	78,4	2,78
400	400	110	14	18	18	9	91,5	71,8	2,65	5,11	20350	1020	14,9	846	102	3,04

Tabelle 10D: Berechnungsgrundlagen für warmgewalzte Stähle

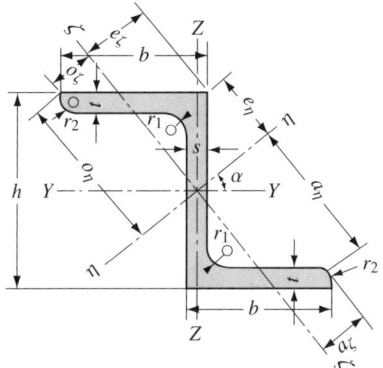

Warmgewalzter rundkantiger ⌐-Stahl

Kurz-zeichen	Abmessungen in mm						Quer-schnitt	Masse	Lage der Achse	Abstände in cm von den Achsen $\eta-\eta$ und $\zeta-\zeta$					
							A	m	$\eta-\eta$						
⌐	h	b	s	t	r_1	r_2	cm²	kg/m	tan α	o_η	o_ζ	e_η	e_ζ	a_η	a_ζ
30	30	38	4	4,5	4,5	2,5	4,32	3,39	1,655	3,86	0,58	0,61	1,39	3,54	0,87
40	40	40	4,5	5	5	2,5	5,43	4,26	1,181	4,17	0,91	1,12	1,67	3,82	1,19
50	50	43	5	5,5	5,5	3	6,77	5,31	0,939	4,60	1,24	1,65	1,89	4,21	1,49
60	60	45	5	6	6	3	7,91	6,21	0,779	4,98	1,51	2,21	2,04	4,56	1,76
80	80	50	6	7	7	3,5	11,1	8,71	0,588	5,83	2,02	3,30	2,29	5,35	2,25
100	100	55	6,5	8	8	4	14,5	11,4	0,492	6,77	2,43	4,34	2,50	6,24	2,65
120	120	60	7	9	9	4,5	18,2	14,3	0,433	7,75	2,80	5,37	2,70	7,16	3,02
140	140	65	8	10	10	5	22,9	18,0	0,385	9,72	3,18	6,39	2,89	8,08	3,39
160	160	70	8,5	11	11	5,5	27,5	21,6	0,357	9,74	3,51	7,39	3,09	9,04	3,72
180	180	75	9,5	12	12	6	33,3	26,1	0,329	10,7	3,86	8,40	3,27	9,99	4,08
200	200	80	10	13	13	6,5	38,7	30,4	0,313	11,8	4,17	9,39	3,47	11,0	4,39

Kurz-zeichen	Für die Biegeachse												biaxiales Flächenmoment
	$Y-Y$			$Z-Z$			$\eta-\eta$			$\zeta-\zeta$			
	I_y	W_y	i_y	I_z	W_z	i_z	I_η	W_η	i_η	I_ζ	W_ζ	i_ζ	I_{yz}
⌐	cm⁴	cm³	cm	cm⁴	cm³	cm	cm⁴	cm³	cm	cm⁴	cm³	cm	cm⁴
30	5,96	3,97	1,17	13,7	3,80	1,78	18,1	4,69	2,04	1,54	1,11	0,60	7,35
40	13,5	6,75	1,58	17,6	4,66	1,80	28,0	6,72	2,27	3,05	1,83	0,75	12,2
50	26,3	10,5	1,97	23,8	5,88	1,88	44,9	9,76	2,57	5,23	2,76	0,88	19,6
60	44,7	14,9	2,38	30,1	7,09	1,95	67,2	13,5	2,81	7,60	3,73	0,98	28,8
80	109	27,3	3,13	47,4	10,1	2,07	142	24,4	3,58	14,7	6,44	1,15	55,6
100	222	44,4	3,91	72,5	14,0	2,24	270	39,8	4,31	24,6	9,26	1,30	97,2
120	402	67,0	4,70	106	18,8	2,42	470	60,6	5,08	37,7	12,5	1,44	158
140	676	96,6	5,43	148	24,3	2,54	768	88,0	5,79	56,4	16,6	1,67	239
160	1060	132	6,20	204	31,0	2,72	1180	121	6,57	79,5	21,4	1,70	349
180	1600	178	6,92	270	38,4	2,84	1760	164	7,26	110	27,0	1,82	490
200	2300	230	7,71	357	47,6	3,04	2510	213	8,06	147	33,4	1,95	674

I_{yz}-Werte sind für das eingezeichnete Koordinatensystem negativ. Werte und Vorzeichen dieser Tabelle entsprechen DIN 1027.

Tabelle 11: Gleichung der Biegelinien für Träger konstanter Biegesteifigkeit

#	Belastungsfall	Gleichung der Biegelinie[*]	Durchbiegungen w Winkeländerungen φ[*]
1		$w = \dfrac{Fl^3}{3EI}\left[1 - \dfrac{3}{2}\cdot\dfrac{x}{l} + \dfrac{1}{2}\left(\dfrac{x}{l}\right)^3\right]$	$w_F = w_{max} = \dfrac{Fl^3}{3EI}$ $\varphi_{max} = \dfrac{Fl^2}{2EI}$
2		$w = \dfrac{Fl^3}{16EI}\cdot\dfrac{x}{l}\left[1 - \dfrac{4}{3}\left(\dfrac{x}{l}\right)^2\right]$ für $x \leqslant \dfrac{l}{2}$	$w_F = w_{max} = \dfrac{Fl^3}{48EI}$ $\varphi_A = \varphi_B = \dfrac{Fl^2}{16EI}$
3		$w = \dfrac{Fl^3}{6EI}\cdot\dfrac{a}{l}\cdot\left(\dfrac{b}{l}\right)^2\cdot\dfrac{x}{l}\left(1 + \dfrac{l}{b} - \dfrac{x^2}{a\cdot b}\right)$ für $x \leqslant a$ $w_1 = \dfrac{Fl^3}{6EI}\cdot\dfrac{b}{l}\cdot\left(\dfrac{a}{l}\right)^2\cdot\dfrac{x_1}{l}\left(1 + \dfrac{l}{a} - \dfrac{x_1^2}{a\cdot b}\right)$ für $x_1 \leqslant b$	$w_F = \dfrac{Fl^3}{3EI}\cdot\left(\dfrac{a}{l}\right)^2\cdot\left(\dfrac{b}{l}\right)^2$ $\varphi_A = w_F\cdot\dfrac{1}{2a}\left(1 + \dfrac{l}{b}\right)$ $\varphi_B = w_F\cdot\dfrac{1}{2b}\left(1 + \dfrac{l}{a}\right)$
4		$w = \dfrac{Fl^3}{6EI}\cdot\dfrac{a}{l}\cdot\dfrac{x}{l}\left[1 - \left(\dfrac{x}{l}\right)^2\right]$ für $x \leqslant l$ $w_1 = \dfrac{Fl^3}{6EI}\cdot\dfrac{x_1}{l}\left[\dfrac{2a}{l} + 3\dfrac{a}{l}\cdot\dfrac{x_1}{l} - \left(\dfrac{x_1}{l}\right)^2\right]$ für $x_1 \leqslant a$	$w_F = \dfrac{Fl^3}{3EI}\cdot\left(\dfrac{a}{l}\right)^2\left(1 + \dfrac{a}{l}\right)$ $\varphi_A = \dfrac{Fl^2}{6EI}\cdot\dfrac{a}{l} = \dfrac{1}{2}\varphi_B$ $\varphi_F = \dfrac{Fl^2}{6EI}\cdot\dfrac{a}{l}\cdot\left(2 + 3\dfrac{a}{l}\right)$
5		Kreisbogen mit dem Radius $\varrho = \dfrac{EI}{M}$ Näherungsweise $w = \dfrac{Ml^2}{2EI}\left(1 - \dfrac{x}{l}\right)^2$	$w_F = \dfrac{Ml^2}{2EI}$ $\varphi_{max} = \dfrac{Ml}{EI}$
6		$w = \dfrac{ql^4}{8EI}\left[1 - \dfrac{4}{3}\cdot\dfrac{x}{l} + \dfrac{1}{3}\left(\dfrac{x}{l}\right)^4\right]$	$w_{max} = \dfrac{ql^4}{8EI}$ $\varphi_{max} = \dfrac{ql^3}{6EI}$
7		$w = \dfrac{5ql^4}{384EI}\left[1 - 4\left(\dfrac{x}{l}\right)^2\right]\left[1 - \dfrac{4}{5}\left(\dfrac{x}{l}\right)^2\right]$	$w_{max} = \dfrac{5ql^4}{384EI}$ $\varphi_A = \varphi_B = \dfrac{ql^3}{24EI}$
8		$w = \dfrac{M_A l^2}{3EI}\left[\dfrac{x}{l} - \dfrac{3}{2}\left(\dfrac{x}{l}\right)^2 + \dfrac{1}{2}\left(\dfrac{x}{l}\right)^3\right]$	$w_{max} = \dfrac{M_A l^2}{15{,}59EI}$ bei $x = 0{,}423 l$ $\varphi_A = \dfrac{M_A l}{3EI} = 2\varphi_B$

[*] Die Gleichungen gelten für $(w')^2 \ll 1$

Tabelle 12: Integrationstafel $\int_0^s M_i M_k \cdot dx$

#	M_i	α	β	γ	δ
		M_k (rectangle, s)	M_k (triangle, s)	M_k (triangle, s)	M_{k1} – M_{k2} (trapezoid, s)
1	M_i (rectangle)	sM_iM_k	$\frac{1}{2}sM_iM_k$	$\frac{1}{2}sM_iM_k$	$\frac{1}{2}sM_i(M_{k1}+M_{k2})$
2	M_i (triangle)	$\frac{1}{2}sM_iM_k$	$\frac{1}{3}sM_iM_k$	$\frac{1}{6}sM_iM_k$	$\frac{1}{6}sM_i(M_{k1}+2M_{k2})$
3	M_{i1} – M_{i2} (trapezoid)	$\frac{1}{2}s(M_{i1}+M_{i2})M_k$	$\frac{1}{6}s(M_{i1}+2M_{i2})M_k$	$\frac{1}{6}s(2M_{i1}+M_{i2})M_k$	$\frac{1}{6}s(2M_{i1}M_{k1}+2M_{i2}M_{k2}+M_{i1}M_{k2}+M_{i2}M_{k1})$
4	M_i **)	$\frac{2}{3}sM_iM_k$	$\frac{1}{3}sM_iM_k$	$\frac{1}{3}sM_iM_k$	$\frac{1}{3}sM_i(M_{k1}+M_{k2})$
5	M_i **)	$\frac{2}{3}sM_iM_k$	$\frac{5}{12}sM_iM_k$	$\frac{1}{4}sM_iM_k$	$\frac{1}{12}sM_i(3M_{k1}+5M_{k2})$
6	M_i **)	$\frac{1}{3}sM_iM_k$	$\frac{1}{4}sM_iM_k$	$\frac{1}{12}sM_iM_k$	$\frac{1}{12}sM_i(M_{k1}+3M_{k2})$

*) M_i und M_k sind vertauschbar   **) quadratische Parabel

Tabelle 13: Verdrehung beliebiger Querschnitte

#	Querschnitt	W_t	I_t	Bemerkungen
1	d	$\dfrac{\pi}{16}d^3 \approx 0{,}2d^3$	$\dfrac{\pi}{32}d^4 \approx 0{,}1d^4$	Größte Spannung am Umfang $W_t = 2W;\ I_t = I_p$
2	d_i d_a	$\dfrac{\pi}{16}\dfrac{d_a{}^4 - d_i{}^4}{d_a}$	$\dfrac{\pi}{32}(d_a{}^4 - d_i^4)$	Wie unter 1
		Für kleine Wanddicken siehe Nr. 3		
3	s	Für kleine Wanddicken $(A_a + A_i)s_{min}$ $\approx 2A_m s_{min}$ (BREDTsche Formeln)	$2(A_a + A_i)s \cdot A_m/u_m$ $\approx 4A_m{}^2 \cdot s/u_m$	$A_a =$ Inhalt der von der äußeren Umrisslinie begrenzten Fläche; $A_i =$ Inhalt der von der inneren Umrisslinie begrenzten Fläche; $A_m =$ Inhalt der von der Mittellinie umgrenzten Fläche; $u_m =$ Länge der Mittellinie (mittlere Umrisslinie)
4	a a	$0{,}208a^3$	$0{,}141a^4 = \dfrac{a^4}{7{,}11}$	Größte Spannungen in den Mitten der Seiten. In den Ecken ist $\tau = 0$
5	a b	$a > b$ für $\dfrac{a}{b} \leqslant 5$ $0{,}208a^{1{,}215} \cdot b^{1{,}785}$	siehe Taschenbücher	Größte Spannungen in den Mitten der *größten* Seiten. In den Ecken ist $\tau = 0$
6	Gleichseitiges Dreieck h a	$a^3/20 \approx h^3/13$	$a^4/46{,}19 \approx h^4/26$	Größte Spannungen in den Mitten der Seiten. In den Ecken ist $\tau = 0$
7	Regelmäßiges Sechseck 2ϱ	$1{,}511\varrho^3$	$1{,}847\varrho^4$	Größte Spannungen in den Mitten der Seiten.
8	Regelmäßiges Achteck 2ϱ	$1{,}481\varrho^3$	$1{,}726\varrho^4$	Größte Spannungen in den Mitten der Seiten.
9	Dünnwandige Profile h_1 b_2 b_1 h_2 h_1 b_1 b_2 h_2 b_3 h_3	$\dfrac{\eta}{3b_{max}} \sum b_i^3 h_i$ Werte η	$\dfrac{\eta}{3} \sum b_i^3 h_i$	Größte Spannungen in den Mitten der Längsseiten des Rechteckes mit der größten Dicke b_{max}.

	∟	⊏	⊥	I	IP	+
η	0,99	1,12	1,12	1,31	1,29	1,17

Tabelle 14: Knickspannung in σ_K in N/mm^2

Werkstoff	Plastische Knickung nach TETMAJER		Elastische Knickung nach EULER	
	Gültigkeits-bereich	Gleichung für σ_K	Gültigkeits-bereich	
S 235	$0 < \lambda < 65$	$\sigma_K = 235$	$\lambda > 104$	
	$65 < \lambda < 104$	$\sigma_K = 310 - 1{,}14\lambda$		
E 335	$0 < \lambda < 88$	$\sigma_K = 335 - 0{,}62\lambda$	$\lambda > 88$	$\sigma_K = \dfrac{\pi^2 \cdot E}{\lambda^2}$
GJ 200	$0 < \lambda < 80$	$\sigma_K = 776 - 12\lambda + 0{,}053\lambda^2$	$\lambda > 80$	
Bauholz	$0 < \lambda < 100$	$\sigma_K = 29{,}3 - 0{,}194\lambda$	$\lambda > 100$	$\sigma_K = \dfrac{9{,}9}{(\lambda/100)^2}$

Tabelle 15: Knickfälle (EULER)

		Grundfall		
	1	2	3	4
Knickfall				
Freie Knicklänge l_K	$2l$	l	$0{,}7l$	$0{,}50l$
Schlankheitsgrad λ	$\dfrac{2l}{i}$	$\dfrac{l}{i}$	$\dfrac{0{,}7l}{i}$	$\dfrac{0{,}50l}{i}$

Tabelle 16: Vergleichsspannung $\sigma_v \leq \sigma_{zul}$

Hypothese	Belastung durch σ und τ	Belastung durch $\sigma_x \sigma_y$ und τ [**]	α_0 [*]	Anwendung
Größte Normal-spannung	$\sigma_v = \dfrac{\sigma}{2} + \sqrt{\left(\dfrac{\sigma}{2}\right)^2 + (\alpha_0\tau)^2}$	$\sigma_v = \dfrac{\sigma_y + \sigma_x}{2} + \sqrt{\left(\dfrac{\sigma_y - \sigma_x}{2}\right)^2 + (\alpha_0\tau)^2}$	$\dfrac{\sigma_{Gr}}{\tau_{Gr}}$	Spröder Werkstoff, Bruch ohne vorherige plastische Verformung
Größte Schub-spannung	$\sigma_v = \sqrt{\sigma^2 + 4(\alpha_0\tau)^2}$	$\sigma_v = \sqrt{(\sigma_y - \sigma_x)^2 + 4(\alpha_0\tau)^2}$	$\dfrac{\sigma_{Gr}}{2\tau_{Gr}}$	Bruch mit vorheriger plastischer Verformung
Größte Gestalt-änderungsarbeit	$\sigma_v = \sqrt{\sigma^2 + 3(\alpha_0\tau)^2}$	$\sigma_v = \sqrt{\sigma_y^2 + \sigma_x^2 - \sigma_x \cdot \sigma_y + 3(\alpha_0\tau)^2}$	$\dfrac{\sigma_{Gr}}{\sqrt{3}\tau_{Gr}}$	Bruch mit vorheriger plastischer Verformung. Dauerbruch.

[*] Bei gleichem Belastungsfall für σ und τ ist $\alpha_0 = 1$.

[**] Für ein Hauptspannungssystem gelten diese Gleichungen mit $\sigma_y = \sigma_{max}$; $\tau_x = \sigma_{min}$ und $\tau = 0$.

Tabellen 17: Formzahlen nach FKM-Richtlinie

Tabelle 17A: Formzahlen: Rundstab mit Umlaufkerbe bei Zugdruck, $r > 0$; $d/D < 1$

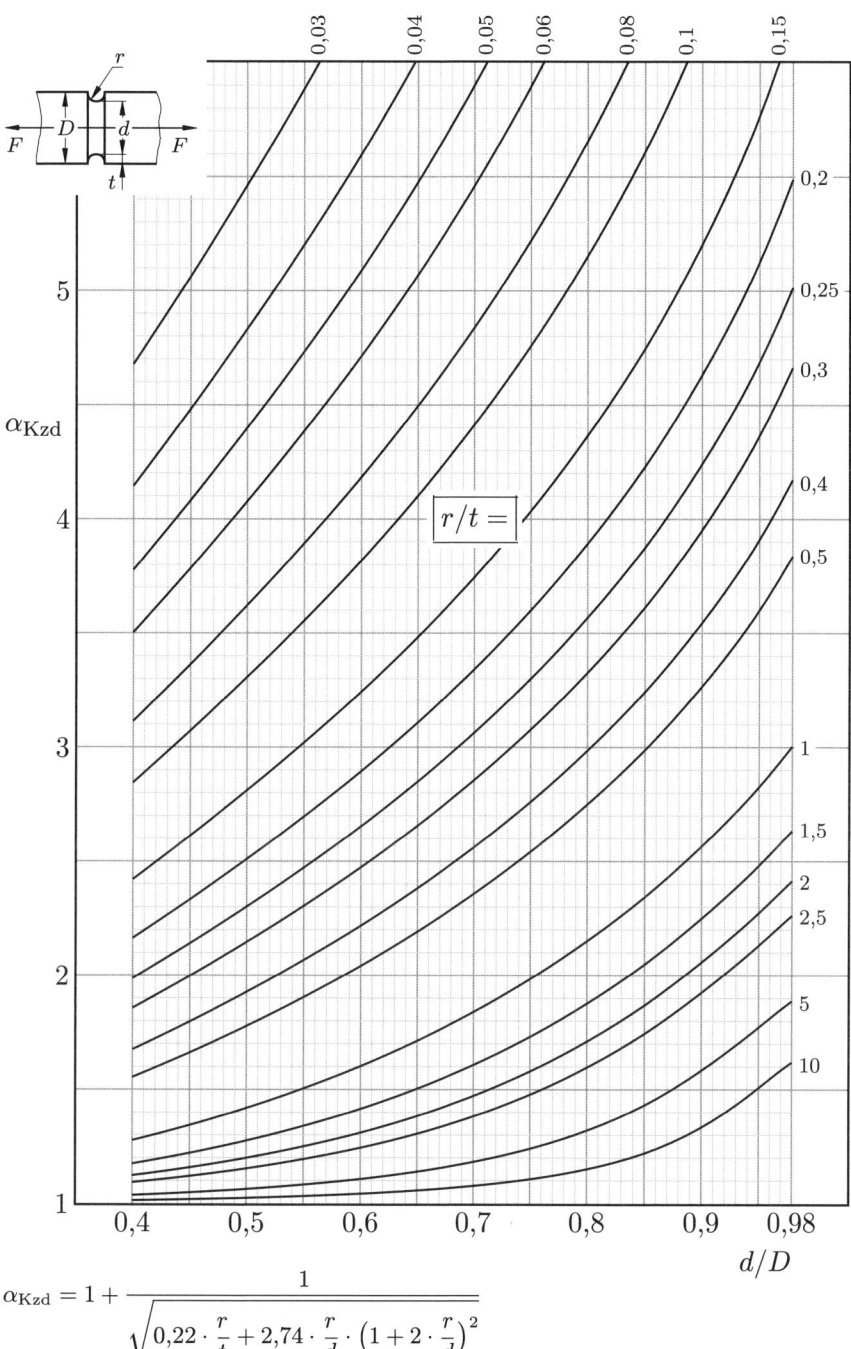

$$\alpha_{Kzd} = 1 + \cfrac{1}{\sqrt{0{,}22 \cdot \dfrac{r}{t} + 2{,}74 \cdot \dfrac{r}{d} \cdot \left(1 + 2 \cdot \dfrac{r}{d}\right)^2}}$$

Tabelle 17B: Formzahlen: Rundstab mit Umlaufkerbe bei Biegung, $r > 0$; $d/D < 1$

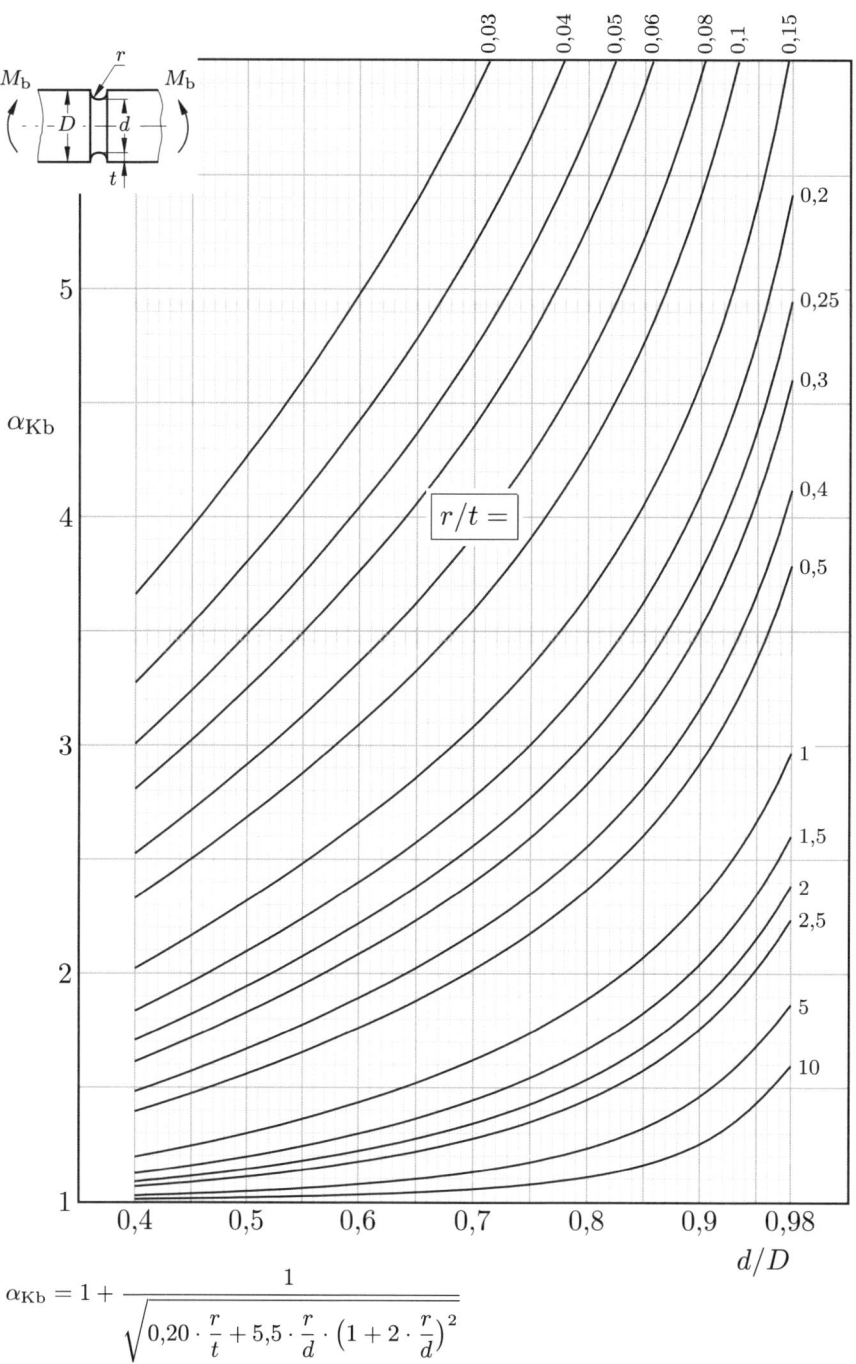

$$\alpha_{\text{Kb}} = 1 + \frac{1}{\sqrt{0{,}20 \cdot \dfrac{r}{t} + 5{,}5 \cdot \dfrac{r}{d} \cdot \left(1 + 2 \cdot \dfrac{r}{d}\right)^2}}$$

Tabelle 17C: Formzahlen: Rundstab mit Umlaufkerbe bei Torsion, $r > 0$; $d/D < 1$

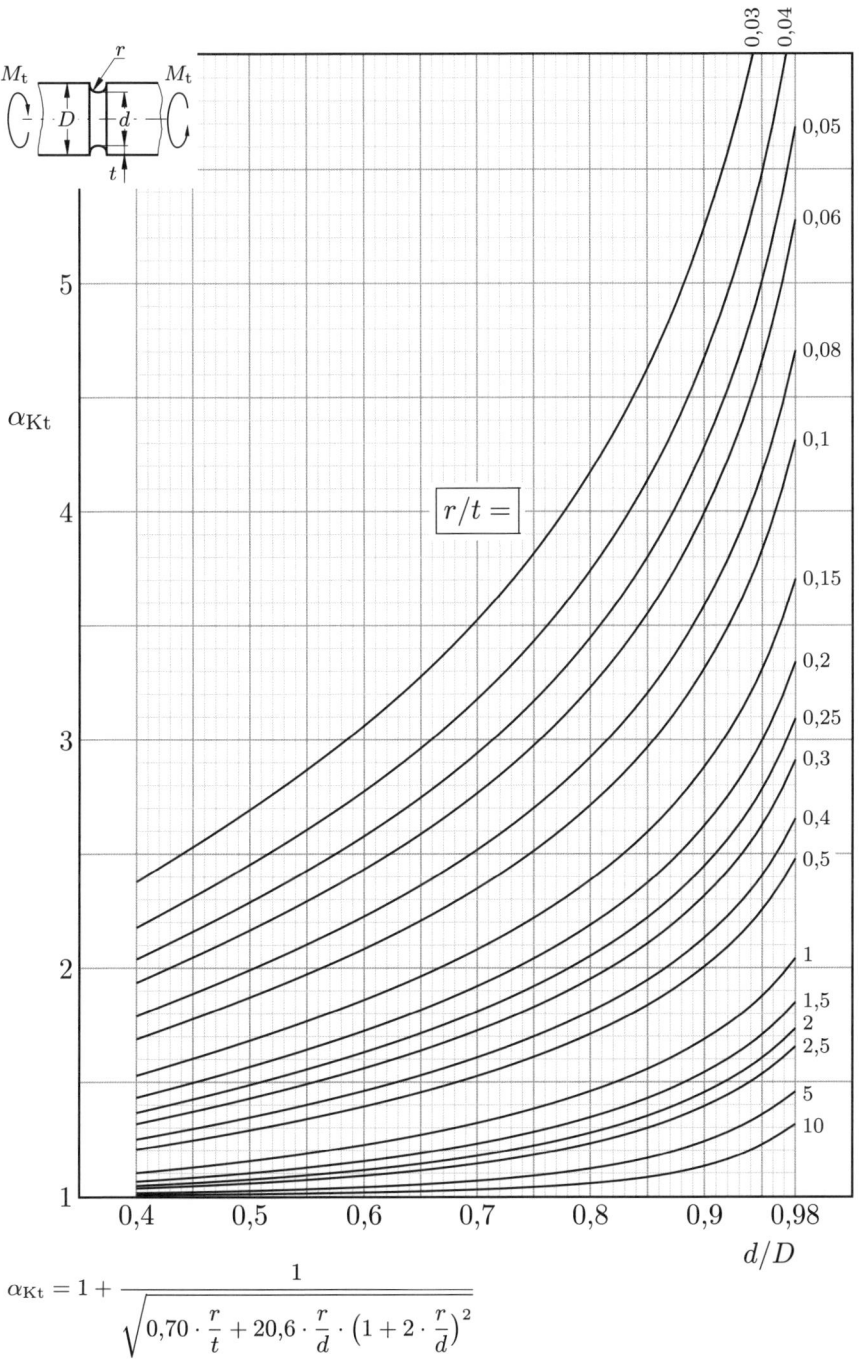

$$\alpha_{Kt} = 1 + \cfrac{1}{\sqrt{0{,}70 \cdot \dfrac{r}{t} + 20{,}6 \cdot \dfrac{r}{d} \cdot \left(1 + 2 \cdot \dfrac{r}{d}\right)^2}}$$

Tabelle 17D: Formzahlen: Rundstab mit Absatz bei Zugdruck, $r > 0$; $d/D < 1$

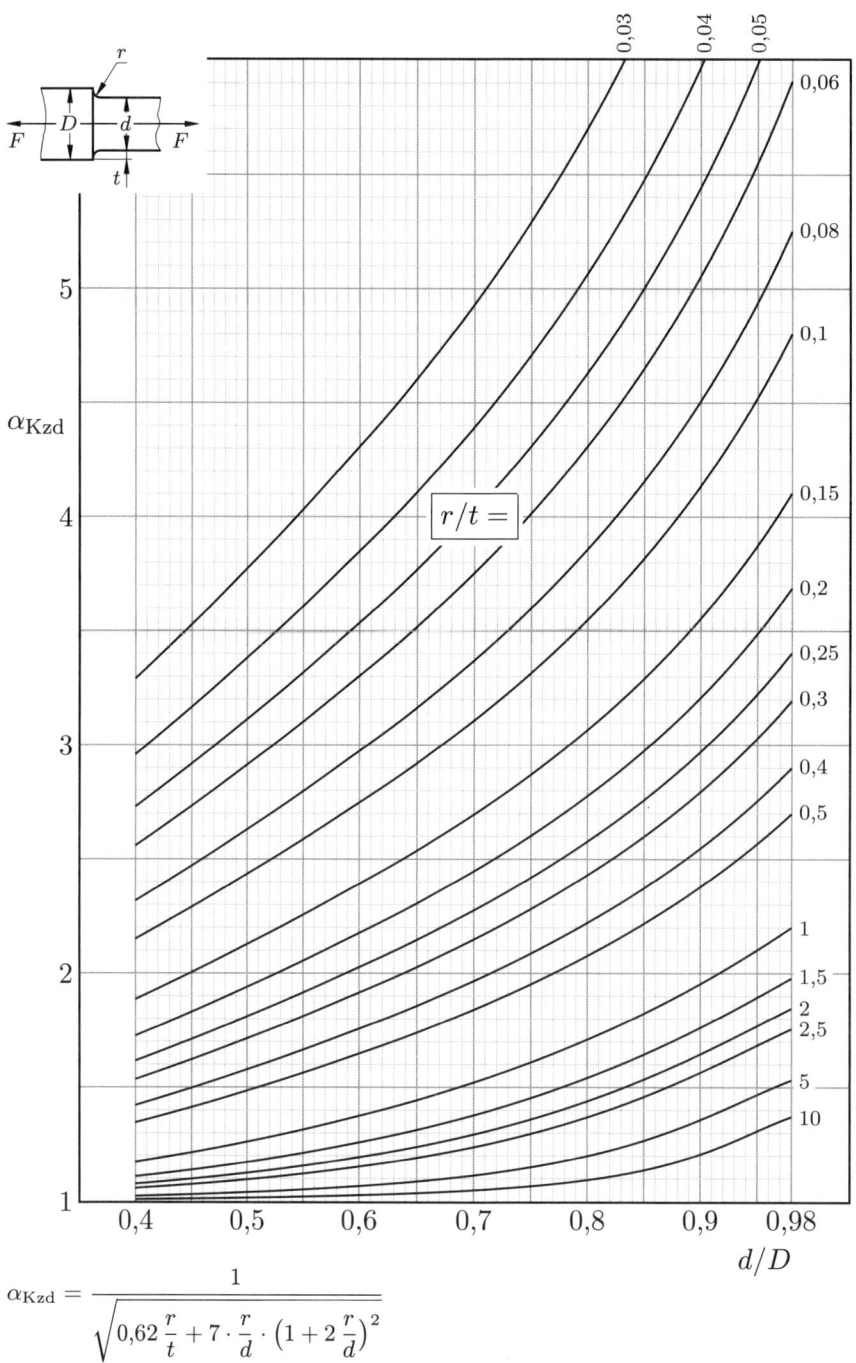

$$\alpha_{Kzd} = \frac{1}{\sqrt{0{,}62\,\dfrac{r}{t} + 7 \cdot \dfrac{r}{d} \cdot \left(1 + 2\,\dfrac{r}{d}\right)^2}}$$

Tabelle 17E: Formzahlen: Rundstab mit Absatz bei Biegung, $r > 0$; $d/D < 1$

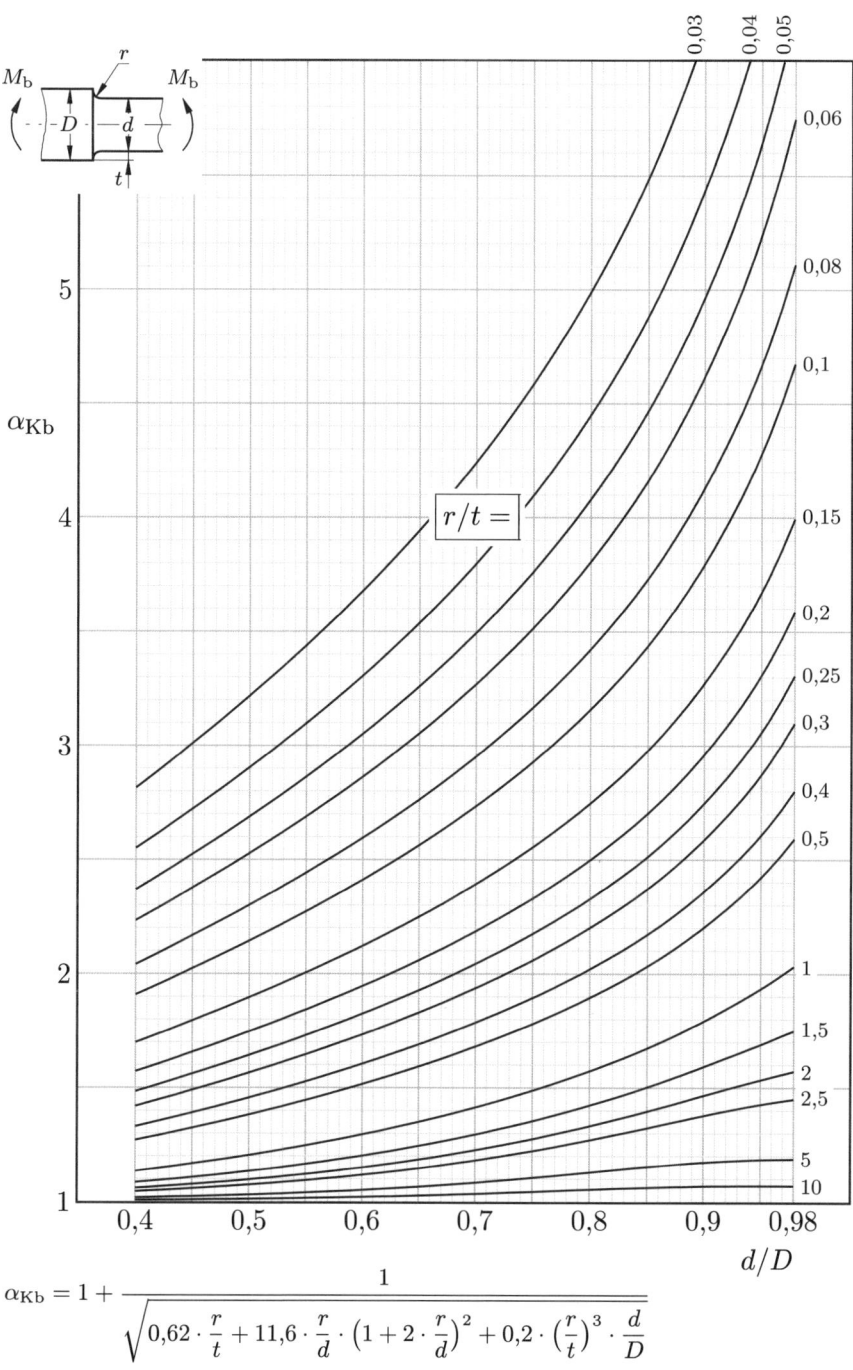

$$\alpha_{\mathrm{Kb}} = 1 + \cfrac{1}{\sqrt{0{,}62 \cdot \dfrac{r}{t} + 11{,}6 \cdot \dfrac{r}{d} \cdot \left(1 + 2 \cdot \dfrac{r}{d}\right)^2 + 0{,}2 \cdot \left(\dfrac{r}{t}\right)^3 \cdot \dfrac{d}{D}}}$$

Tabelle 17F: Formzahlen: Rundstab mit Absatz bei Torsion, $r > 0$; $d/D < 1$

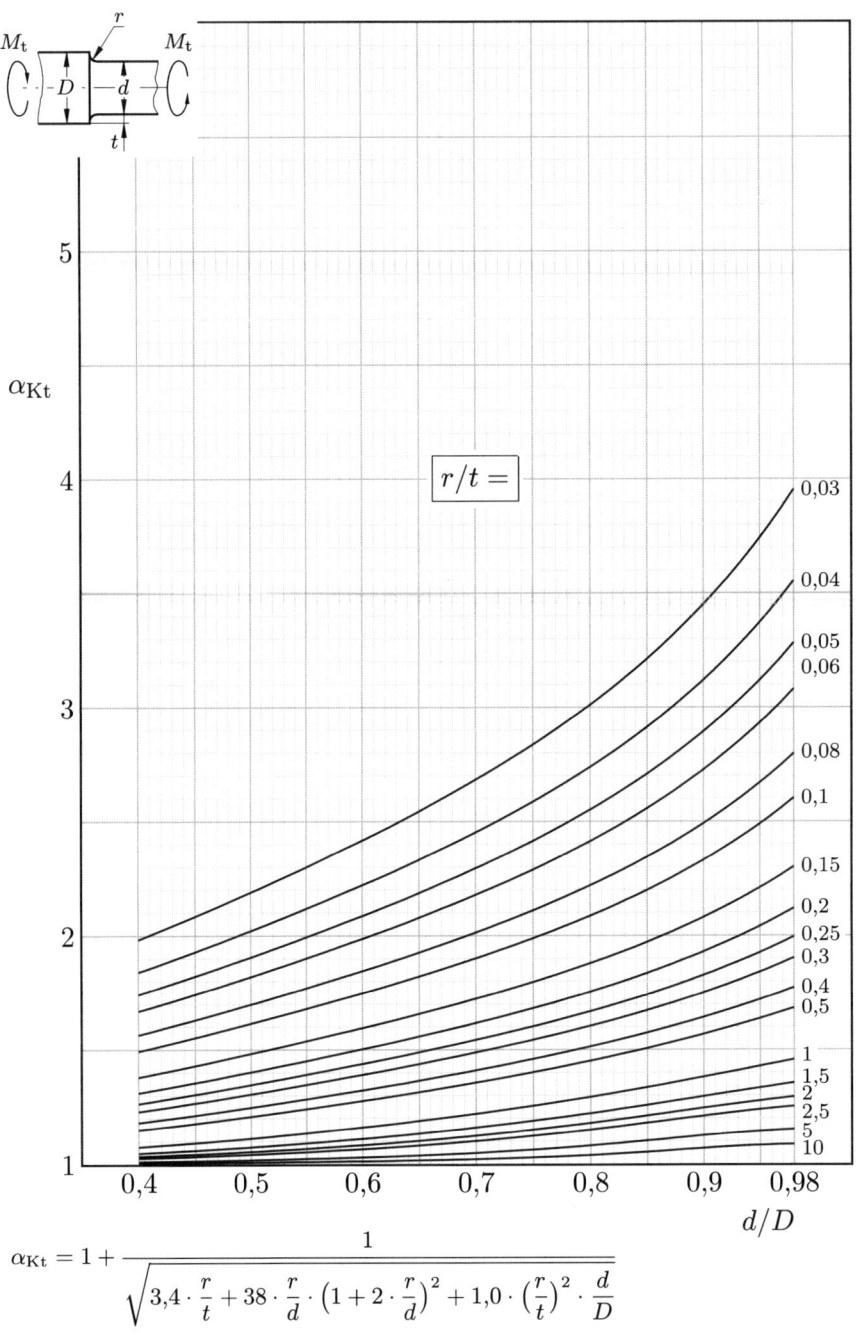

$$\alpha_{Kt} = 1 + \frac{1}{\sqrt{3,4 \cdot \dfrac{r}{t} + 38 \cdot \dfrac{r}{d} \cdot \left(1 + 2 \cdot \dfrac{r}{d}\right)^2 + 1,0 \cdot \left(\dfrac{r}{t}\right)^2 \cdot \dfrac{d}{D}}}$$

Tabelle 17G: Formzahlen: Flachstab mit beidseitiger Kerbe bei Zug oder Druck, $r > 0$; $b/B < 1$

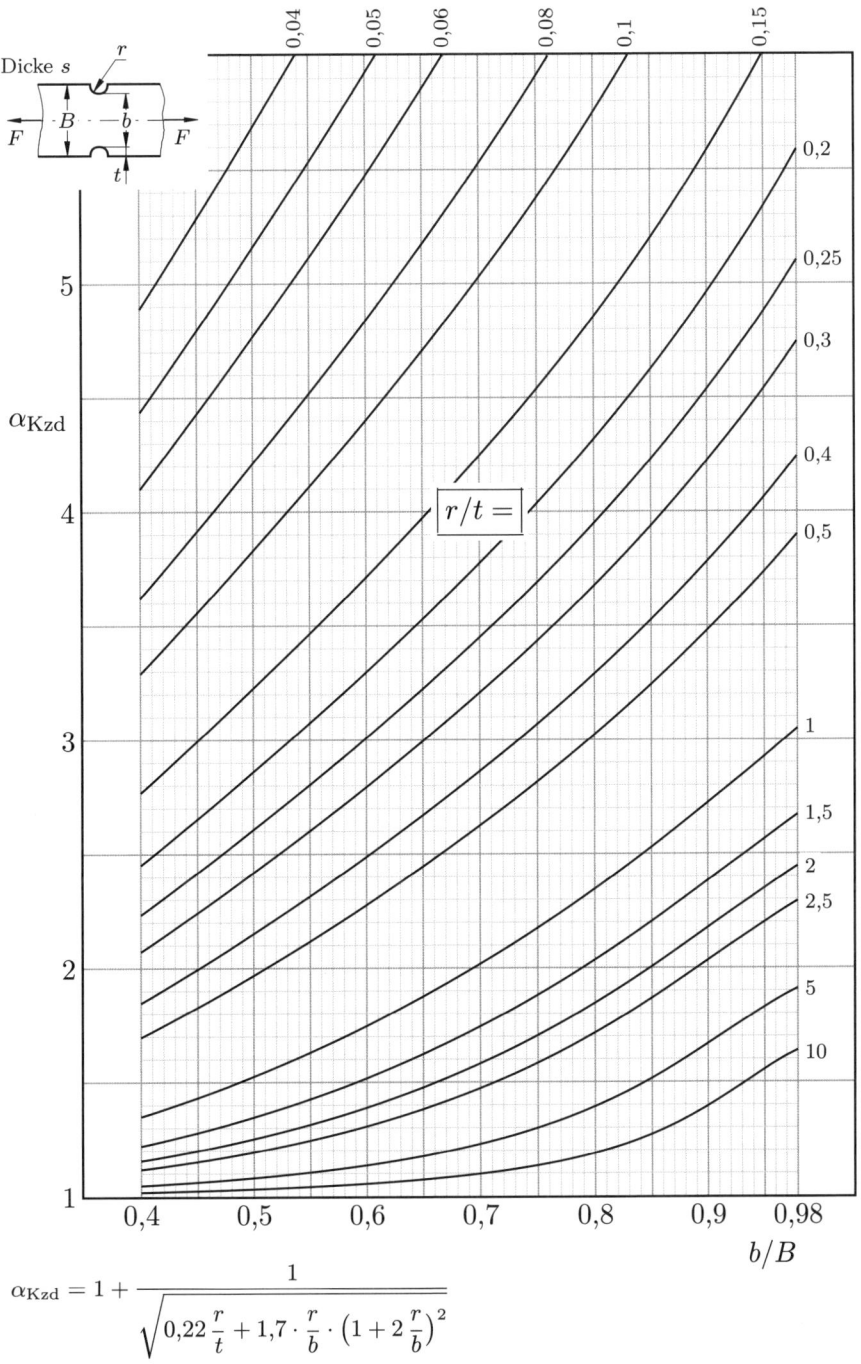

$$\alpha_{Kzd} = 1 + \cfrac{1}{\sqrt{0{,}22\dfrac{r}{t} + 1{,}7 \cdot \dfrac{r}{b} \cdot \left(1 + 2\dfrac{r}{b}\right)^2}}$$

Tabelle 17H: Formzahlen: Flachstab mit beidseitiger Kerbe bei Biegung, $r > 0$; $b/B < 1$

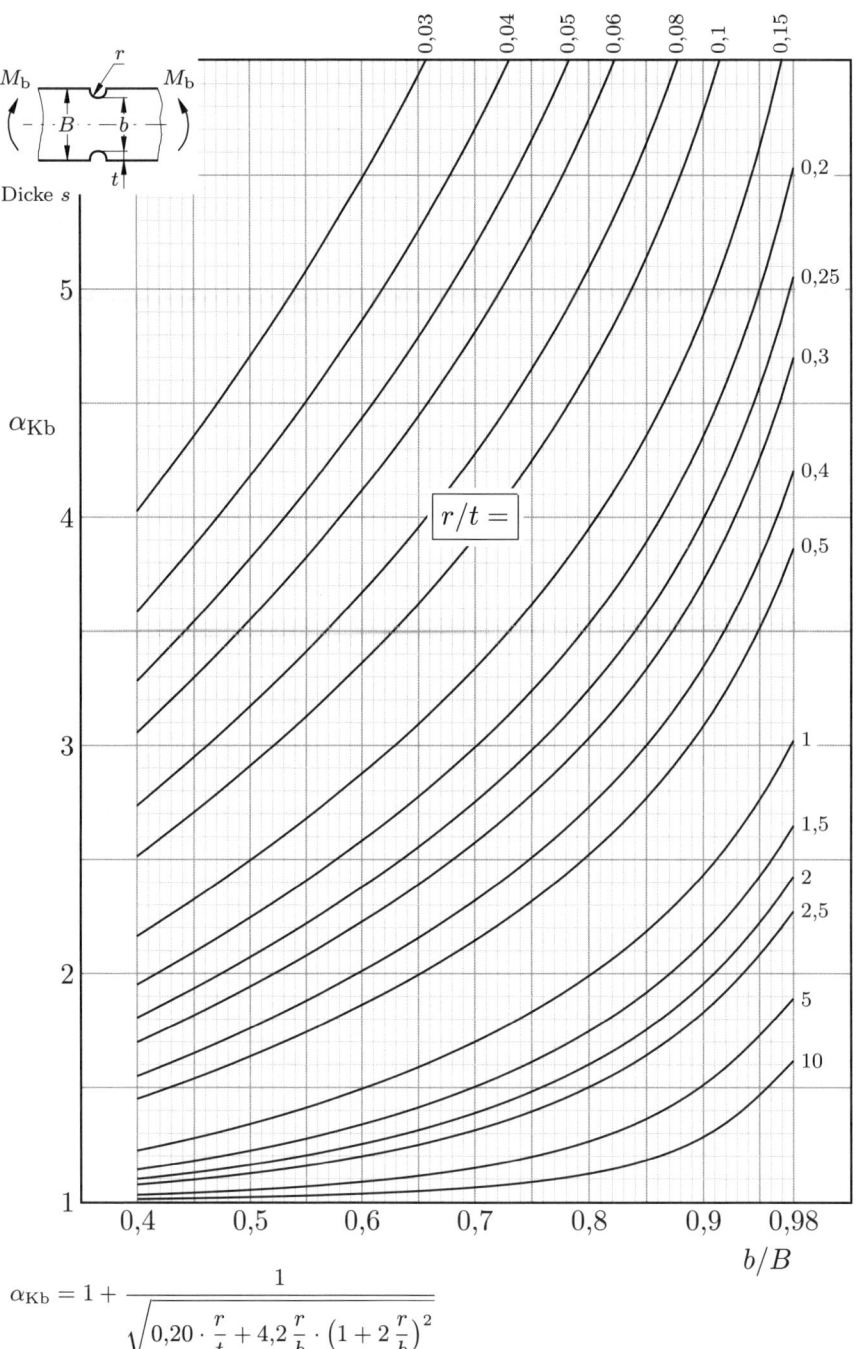

$$\alpha_{\mathrm{Kb}} = 1 + \frac{1}{\sqrt{0{,}20 \cdot \dfrac{r}{t} + 4{,}2\,\dfrac{r}{b} \cdot \left(1 + 2\,\dfrac{r}{b}\right)^2}}$$

Tabelle 17I: Formzahlen: Flachstab mit Absatz bei Zugdruck, $r > 0$; $b/B < 1$

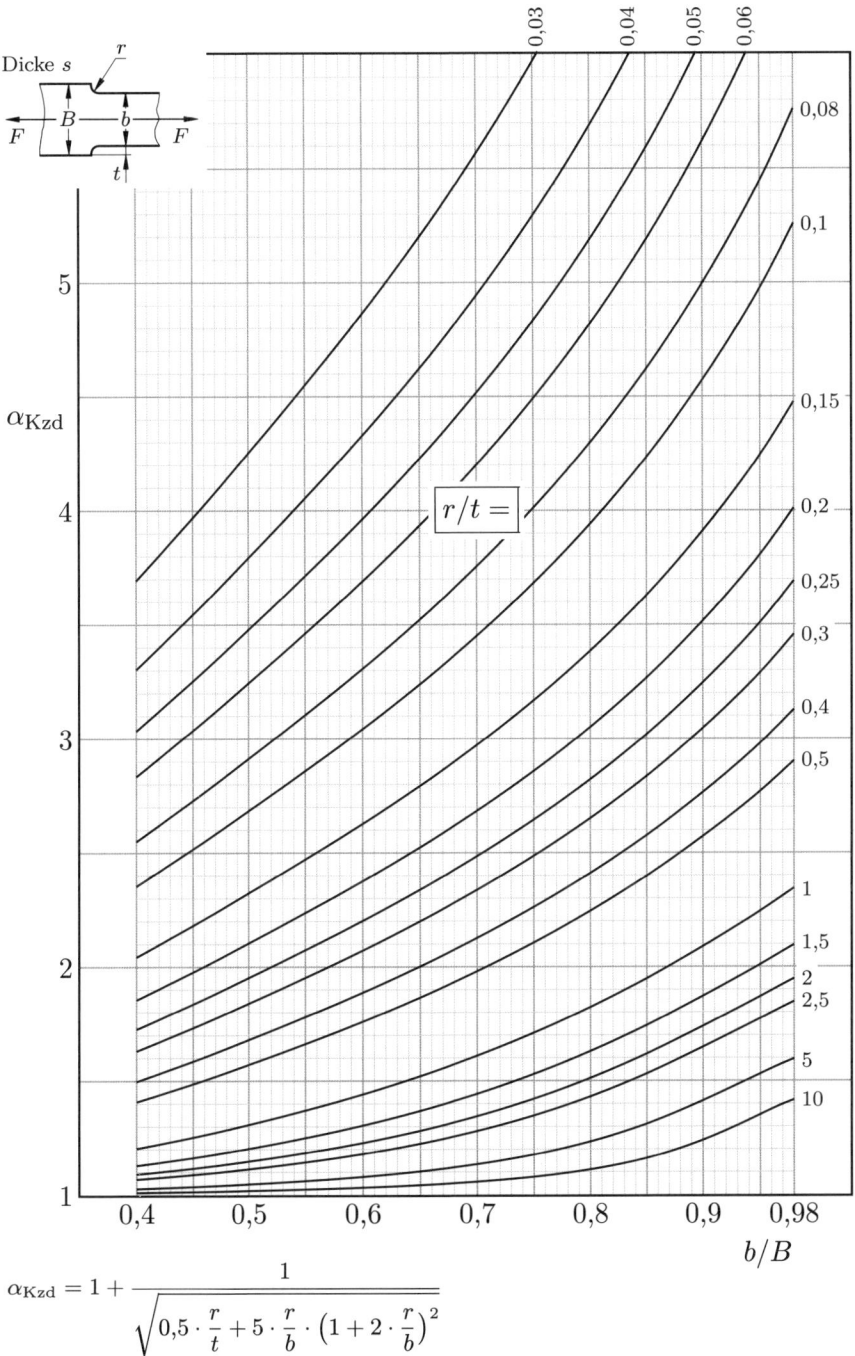

$$\alpha_{Kzd} = 1 + \cfrac{1}{\sqrt{0,5 \cdot \dfrac{r}{t} + 5 \cdot \dfrac{r}{b} \cdot \left(1 + 2 \cdot \dfrac{r}{b}\right)^2}}$$

Tabelle 17J: Formzahlen: Flachstab mit Absatz bei Biegung, $r > 0$; $b/B < 1$

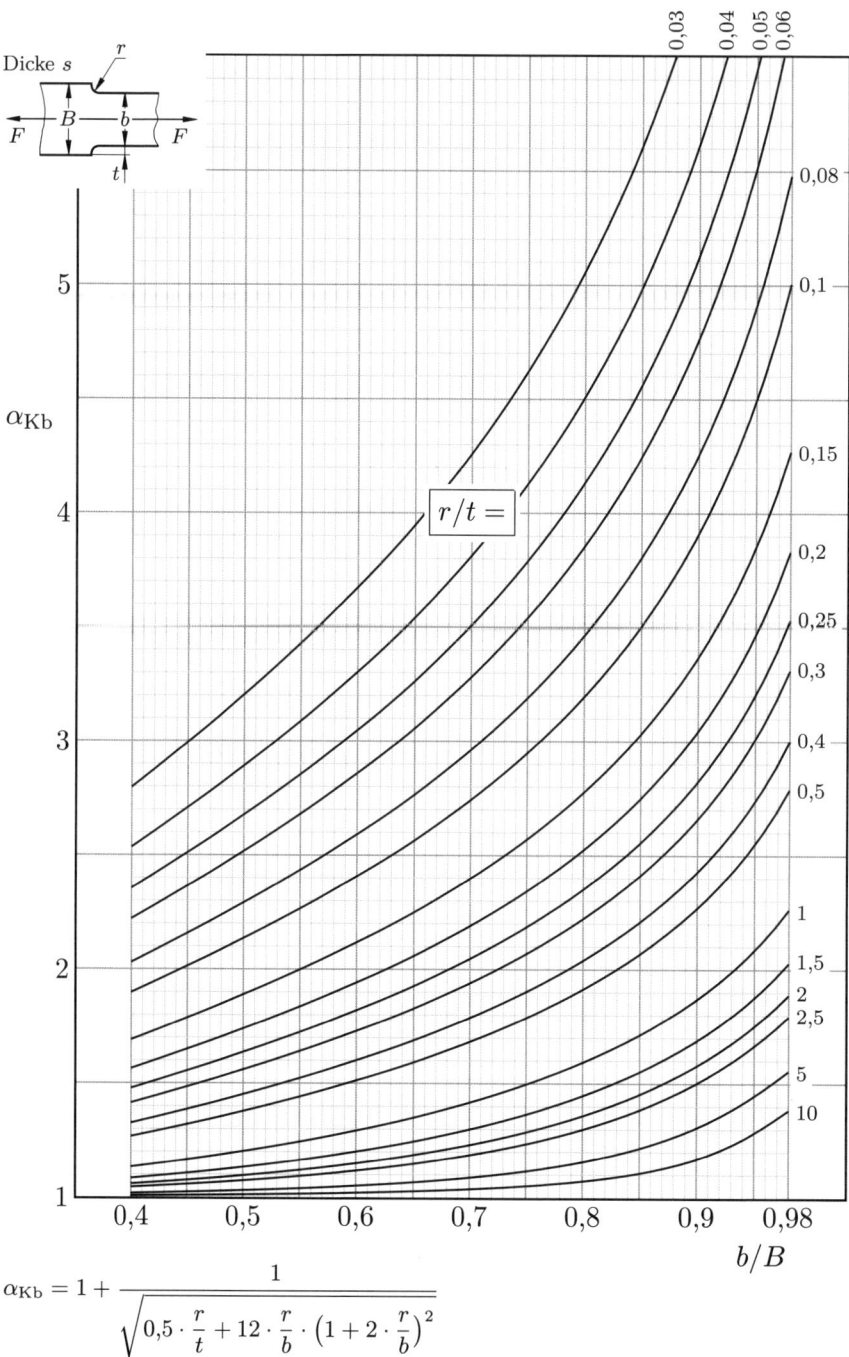

$$\alpha_{\mathrm{Kb}} = 1 + \cfrac{1}{\sqrt{0{,}5 \cdot \dfrac{r}{t} + 12 \cdot \dfrac{r}{b} \cdot \left(1 + 2 \cdot \dfrac{r}{b}\right)^{2}}}$$

Tabelle 18: Bezogenes Spannungsgefälle nach FKM-Richtlinie

Bauteilform	χ_σ	χ_τ
	$\dfrac{2}{r} \cdot (1 + \varphi)$	$\dfrac{1}{r}$
	$\dfrac{2{,}3}{r} \cdot (1 + \varphi)$	$\dfrac{1{,}15}{r}$
	$\dfrac{2}{r} \cdot (1 + \varphi)$	–
	$\dfrac{2{,}3}{r} \cdot (1 + \varphi)$	–
Rundstab oder Flachstab	$\dfrac{2{,}3}{r}$	–

Stützzahlen des nicht gekerbten Bauteiles sind mit dem bezogenen Spannungsgefälle $\chi_0 = 2/d$ bzw. $\chi_0 = 2/b$ zu berechnen

$\varphi = 0$ für $t/d > 0{,}25$ oder $t/b > 0{,}25$;

$\varphi = 1/(4 \cdot \sqrt{t/r} + 2)$ für $t/d \le 0{,}25$ bzw. $t/b \le 0{,}25$.

Für Rundstäbe gelten die Gleichungen näherungsweise auch bei Längsbohrung.

Tabelle 19: Die Stützzahl n_χ in Abhängigkeit vom bezogenen Spannungsgefälle χ für Stahl und Gusseisen nach FKM-Richtlinie.

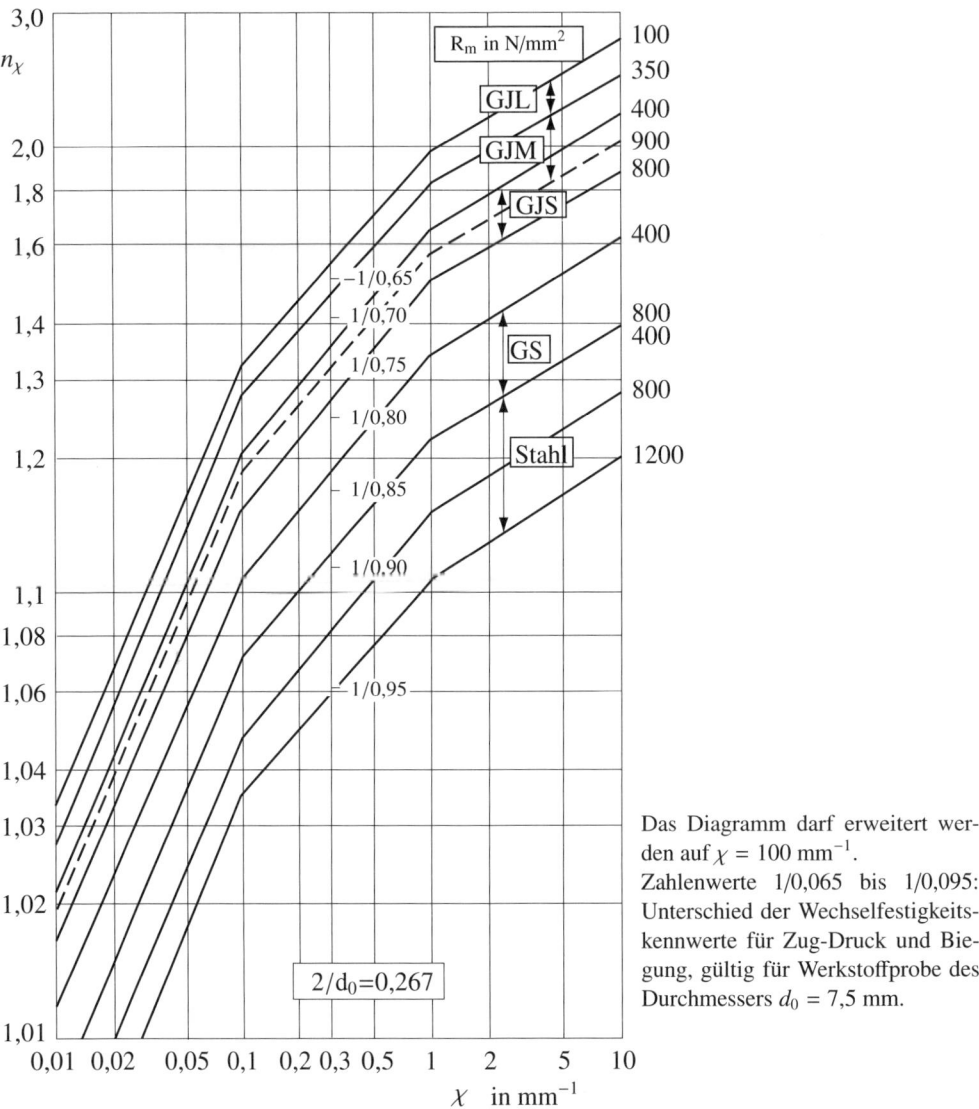

Das Diagramm darf erweitert werden auf $\chi = 100\ \text{mm}^{-1}$.
Zahlenwerte 1/0,065 bis 1/0,095: Unterschied der Wechselfestigkeitskennwerte für Zug-Druck und Biegung, gültig für Werkstoffprobe des Durchmessers $d_0 = 7{,}5$ mm.

Tabelle 20: Einflussfaktor der Oberflächenrauheit K_O

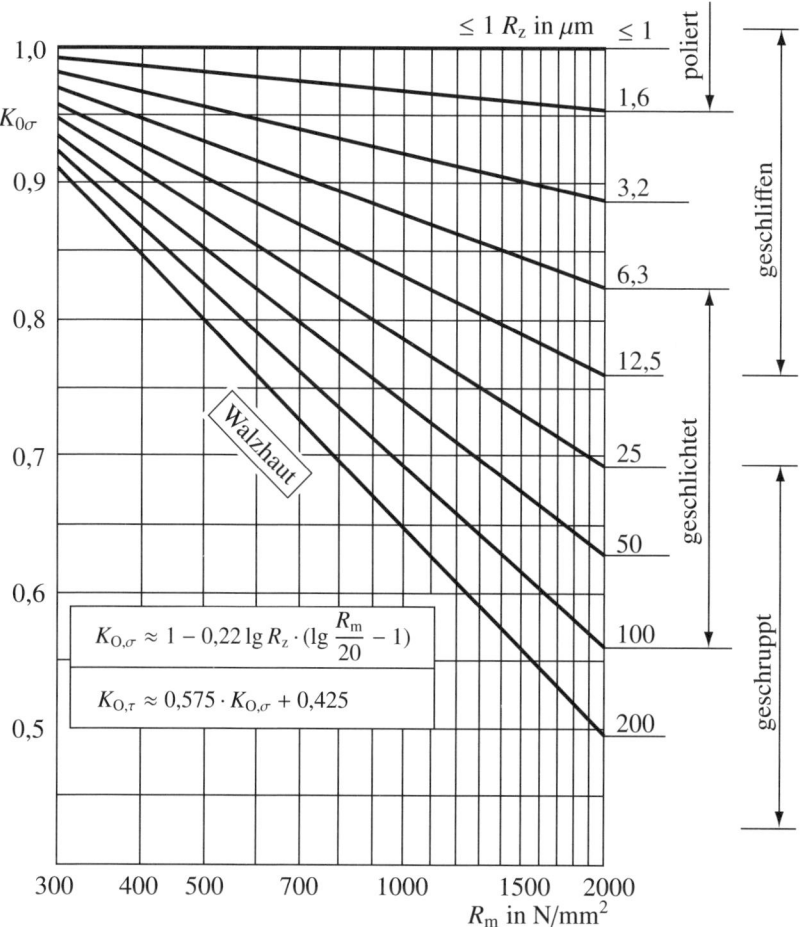

$$K_{O,\sigma} \approx 1 - 0,22 \lg R_z \cdot (\lg \frac{R_m}{20} - 1)$$

$$K_{O,\tau} \approx 0,575 \cdot K_{O,\sigma} + 0,425$$

Tabelle 21: Geometrischer Größeneinflussfaktor K_g

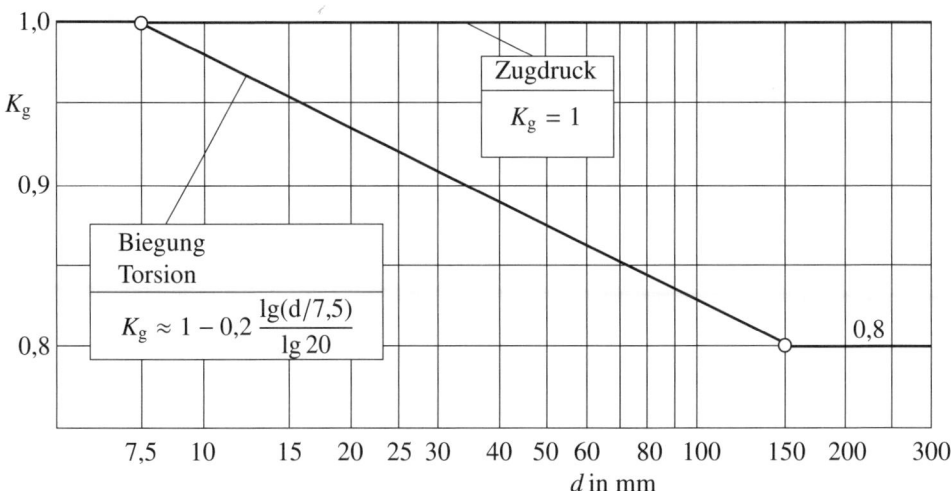

Tabelle 22: Konstanten zur Berechnung der Mittelspannungsempfindlichkeit

Werkstoff-gruppe	St	GS	GJS	GJM	GJL	AW–Al	AC–Al
a_M	0,35	0,35	0,35	0,35	0	1,0	1,0
b_M	−0,1	0,05	0,08	0,13	0,5	−0,04	0,2

Tabelle 23: Lineare Wärmeausdehnungszahlen für den Bereich von $0\,°C$ bis $100\,°C$ in K^{-1}

Aluminium	$2,4 \cdot 10^{-5}$		Invar (36 % Ni, 64 % Fe)	$0,1 \cdot 10^{-5}$
Beton	$1,1 \cdot 10^{-5}$		Messing	$1,9 \cdot 10^{-5}$
Blei	$2,8 \cdot 10^{-5}$		Nickel	$1,3 \cdot 10^{-5}$
Bronze	$1,8 \cdot 10^{-5}$		Platin	$0,9 \cdot 10^{-5}$
Eisen	$1,1 \cdot 10^{-5}$		Silber	$2,0 \cdot 10^{-5}$
Glas	$0,8 \cdot 10^{-5}$		Zink	$3,0 \cdot 10^{-5}$
Kupfer	$1,6 \cdot 10^{-5}$			

Tabelle 24: Funktion $q(x)$ (Streckenlast) für verschiedene Einzelheiten einer Belastung.

Einzelheit bei $x = a$	Funktion q
	$+ \langle x - a \rangle^0 \cdot q_0$
	$- \langle x - a \rangle^0 \cdot q_0$
	$+ \langle x - a \rangle \left(\dfrac{q_0}{l} - 0 \right) \qquad = + \langle x - a \rangle \cdot \dfrac{q_0}{l}$
	$+ \langle x - a \rangle \left[0 - \left(-\dfrac{q_0}{l} \right) \right] \qquad = + \langle x - a \rangle \cdot \dfrac{q_0}{l}$
	$+ \underbrace{\langle x - a \rangle^0 \cdot q_0}_{\text{Sprung}} + \underbrace{\langle x - a \rangle \left(-\dfrac{q_0}{l} - 0 \right)}_{\text{Knick}} = + \langle x - a \rangle^0 \cdot q_0 - \langle x - a \rangle \cdot \dfrac{q_0}{l}$
	$- \underbrace{\langle x - a \rangle^0 \cdot q_0}_{\text{Sprung}} + \underbrace{\langle x - a \rangle \left(0 - \dfrac{q_0}{l} \right)}_{\text{Knick}} = - \langle x - a \rangle^0 \cdot q_0 - \langle x - a \rangle \cdot \dfrac{q_0}{l}$
	$+ \langle x - a \rangle \left(-\dfrac{q_0}{l_2} - \dfrac{q_0}{l_1} \right) \qquad = - \langle x - a \rangle \left(\dfrac{q_0}{l_2} + \dfrac{q_0}{l_1} \right)$